Anne-Gaëlle Denay
Annette Roy
Sylvie Castagnet

Comportement mécanique de mousses polymères à température
cryogénique

Anne-Gaëlle Denay
Annette Roy
Sylvie Castagnet

Comportement mécanique de mousses polymères à température cryogénique

Mécanismes et tenue mécanique long-terme de mousses polyuréthane pures et renforcées aux températures cryogéniques

Presses Académiques Francophones

Impressum / Mentions légales

Bibliografische Information der Deutschen Nationalbibliothek: Die Deutsche Nationalbibliothek verzeichnet diese Publikation in der Deutschen Nationalbibliografie; detaillierte bibliografische Daten sind im Internet über http://dnb.d-nb.de abrufbar.

Information bibliographique publiée par la Deutsche Nationalbibliothek: La Deutsche Nationalbibliothek inscrit cette publication à la Deutsche Nationalbibliografie; des données bibliographiques détaillées sont disponibles sur internet à l'adresse http://dnb.d-nb.de.

Coverbild / Photo de couverture: www.ingimage.com

Verlag / Editeur:
Presses Académiques Francophones
ist ein Imprint der / est une marque déposée de
AV Akademikerverlag GmbH & Co. KG
Heinrich-Böcking-Str. 6-8, 66121 Saarbrücken, Deutschland / Allemagne
Email: info@presses-academiques.com

Herstellung: siehe letzte Seite /
Impression: voir la dernière page
ISBN: 978-3-8381-7568-3

THESE

Pour l'obtention du Grade de

DOCTEUR DE L'ECOLE NATIONALE SUPERIEURE DE MECANIQUE ET D'AERONAUTIQUE

(Diplôme National – Arrêté du 7 août 2006)

Ecole Doctorale Sciences et Ingénierie en Matériaux, Mécanique, Energétique et Aéronautique
Secteur de Recherche : Mécanique des solides, des matériaux, des structures et des surfaces
Présentée par :

Anne – Gaelle DENAY

Soutenance le 14 Mars 2012

****

Mécanismes et tenue mécanique long-terme de mousses polyuréthane pures et renforcées aux températures cryogéniques.

****

Directeurs de Thèse : Sylvie CASTAGNET & Annette ROY

****

JURY

Philippe VIOT	Professeur, Mécanique à grande Vitesse, LAMEFIP CNRS, Bordeaux	Président
Eric PAPON	Professeur, Laboratoire de Chimie des Polymères Organiques, Université de Bordeaux	Rapporteur
Gérard VIGIER	Professeur, Equipe Polymères, Verres et matériaux Hétérogènes, INSA de LYON	Rapporteur
Valérie MIRI	Maître de Conférences, Matériaux et transformations, Université de Lilles	Examinateur
Sylvie CASTAGNET	Chargée de Recherche CNRS, Département de Physique et Mécanique des Matériaux, Institut P', POITIERS	Examinateur
Annette ROY	Directrice Recherche et Développement, CRITT Matériaux Poitou-Charentes, Rochefort	Examinateur
Nicolas THENARD	Ingénieur Département Matériaux, GTT, Saint Rémy les Chevreuse	Examinateur

Remerciements

Rédiger sa thèse n'est déjà pas une chose facile, mais alors rédiger ses remerciements est pour moi une chose encore plus périlleuse. Comment être certaine de n'oublier personne ? Par où commencer? Autant de questions que je me pose, et aucune réponse logique, aucun plan de bataille… Seul avantage, aucune véritable convention à ce sujet, mais il va bien falloir se lancer !

Mes premiers remerciements vont à Alain Lemoine alors directeur du CRITT Matériaux au début de ma thèse qui a accepter de m'accueillir en thèse et de la financer, à Mr Jean Claude Grandidier actuellement directeur de l'institut P' de l'ENSMA, d'avoir collaboré avec le CRITT pour cette thèse. Je remercie également l'ANRT, le FEDER et GTT pour leur soutien financier.

Mes remerciements vont également à mes encadrants sans qui cette thèse n'aurait pas été la même. Un grand merci donc à Annette Roy et Gaëlle Alise au CRITT, pour m'avoir soutenue, supporter parfois, remotiver… Sylvie CASTAGNET de l'institut P', qui a toujours su être là quand il le fallait, qui a su me donner confiance en moi, et pour ceux qui me connaissent ce n'est pas forcément chose facile, pour son apport technique et ses discussions fortes intéressantes. Toutes ces personnes malgré leur emploi du temps chargé ont toujours su être à mon écoute, et m'ont toujours accordé le temps nécessaire à la bonne avancée de ses travaux. Je remercie également Jean Louis Gacougnolle qui n'a pas hésité à venir faire le déplacement sur Rochefort à mes débuts, pour m'exposer la théorie du fluage et le principe d'équivalence temps-température. Merci à Nicolas Thenard de GTT, d'avoir toujours été réactif à mes questionnements et réquisitions sur ce matériaux.

Bien sur, un grand merci aussi à tous les membres du jury qui ont accepté d'évaluer mon travail et mon manuscrit. J'ai beaucoup apprécié notre discussion qui su ouvrir d'autres horizons et perspectives sur ces travaux.

De plus cette thèse n'aurait surement pas été la même sans de nombreuses personnes au sein du CRITT. Je tiens notamment à remercier Armand Montauzier, pour m'avoir énormément aidé lors de la programmation des essais, merci pour sa patience et son calme. Un grand merci à Benjamin Masseteau d'avoir supporté mes grognements dans notre bureau, merci à lui pour les pauses cafés détentes, qui sont devenu au fil du temps une véritable institution, un moment de coupure nécessaire pour le bon fonctionnement de la journée. Merci à Anaïs qui lors de son stage m'a abattu énormément de travail. Merci à tous les autres membres de mon nouveau bureau : Sébastien Papin et Anne Sophie Andreani de m'avoir également supporté dans les derniers moments, les plus difficiles et décourageants. Un grand merci également à Cédric Courseault pour son grand savoir sur les mousses polyuréthanes. A ceux du CRITT que je n'ai pas cité je ne vous oublie pas, mais la liste et longue, et à un moment ou un autre, vous m'avez tous été d'une aide précieuse ! Alors merci.

Pour terminer cet exercice des remerciements, je me dois de remercier mes parents, pour mes longues plaintes téléphoniques, pour leur relecture de mon manuscrit. Merci aussi à Benoit, pour m'avoir supporté quotidiennement pendant toute ma phase de rédaction, et milles excuses pour mon irritabilité de ces moments passés !

INTRODUCTION

La problématique de l'allégement des structures est une nécessité afin de minimiser la consommation d'énergie tout en optimisant les propriétés mécaniques et la durabilité. De la même façon, l'intérêt est grandissant dans le monde industriel pour la multifonctionnalité des matériaux, combinant par exemple de bonnes caractéristiques mécaniques à des fonctionnalités comme l'isolation thermique, acoustique ou encore la conductivité thermique. C'est dans de ce contexte que les matériaux cellulaires, que l'on peut classer en trois familles : métalliques, céramiques et polymères, se présentent comme étant des candidats idéaux. Les matériaux cellulaires étant des matériaux biphasés composés d'une phase solide et d'une phase gazeuse, cela apporte au matériau des caractéristiques particulières tirant à la fois profit des propriétés du matériau solide et de la structure : ils ont ainsi des propriétés mécaniques importantes rapportées à leur densité.

A chaque famille de matériaux cellulaires correspond un type d'application. Ainsi, les mousses métalliques sont notamment utilisées dans les structures portantes, les absorbeurs de choc ou encore dans l'isolation acoustique. Les mousses céramiques se retrouvent principalement dans des applications telles que le béton cellulaire, les filtres à particules, ou bien encore dans les biotechnologies. Quand aux mousses polymères, elles sont largement utilisées dans les structures de protection, le rembourrage, ou les structures flottantes, elles ont aussi généralement un rôle dans l'isolation thermique ou acoustique.

Pour toutes ces raisons, l'industrie marine utilise depuis plus de 60 ans des panneaux sandwich avec des âmes en mousses polymères, afin d'alléger, rigidifier et renforcer la structure des bateaux. Une des applications dans ce secteur concerne le transport et le stockage de Gaz Naturel Liquéfié (GNL) qui a une température de -190°C. Dans ce cadre particulier, les mousses polyuréthanes renforcées fibres de verre sont utilisées. Elles ont notamment un rôle d'isolant thermique, et doivent être capable de résister à de fortes variations de température allant de -170°C en période de stockage et/ou de transport, à +80°C correspondant aux dégazages effectués lors des périodes de maintenance. Ces mousses doivent également présenter de bonnes propriétés mécaniques, car elles sont soumises notamment à de la compression lors des phases de chargement de gaz, et de fluage, une fois la cuve remplie. Les navires conçus avec cette technologie, à savoir des blocs de mousses entre contreplaqués, ont une durée de vie estimée à 30 ou 40 ans, mais il n'existe pas actuellement d'études justifiant la conservation des propriétés mécaniques des mousses polyuréthanes au cours du temps.

Le but de cette étude est donc dans un premier temps d'identifier les mécanismes de déformation et d'endommagement de ce matériau aux températures cryogéniques. Pour cela, des essais de compression monotone et de fluage seront réalisés. Les principaux verrous expérimentaux de cette étude viennent du fait que les essais sont conduits à froid, de plus ces essais sont réalisés sur différents moyens expérimentaux, les tailles d'échantillons sont donc différentes. Il est donc nécessaire de s'assurer que les résultats obtenus sur chaque type d'essais soient représentatifs du comportement mécanique global des mousses polyuréthanes. Dans un second temps, l'objectif est d'essayer de prédire le comportement long terme de ces matériaux aux basses températures. Dans les conditions réelles d'utilisation, les mousses polyuréthanes sont soumises à de faibles niveaux de contraintes. Les niveaux de déformations engendrés étant très faibles, nous supposons que le matériau constitutif des cellules conditionne la réponse mécanique à long terme, et que des principes applicables aux polymères massifs peuvent être appliqués à notre cas. Ainsi, cette seconde partie de l'étude se base sur le principe d'équivalence temps-température comme outil prédictif.

Le travail de thèse ici présenté s'inscrit dans le cadre d'une collaboration entre le Centre de Recherche d'Innovation et de Transfert Technologique Poitou-Charentes (CRITT MPC), Gaz Transport et Technigaz (GTT), et le département de Physique et Mécanique des Matériaux de l'Institut P'.

GTT a sa principale activité dans la conception de méthaniers avec cette technologie d'isolation par mousses polyuréthanes, et est un des leaders sur ce marché, mais travaille aussi sur des cuves de stockage et du transport par pipeline, toujours pour du Gaz Naturel Liquéfié. Quelles que soient les applications, les matériaux sont toujours soumis à des températures cryogéniques. Le CRITT MPC possède une expertise dans la conduite d'essais mécaniques aux températures cryogéniques, et travaille déjà en collaboration avec GTT depuis plusieurs années pour la qualification produit sur les mousses polyuréthanes.

Ce manuscrit est divisé en plusieurs parties. Une première partie rassemblera des éléments de la littérature, sur les points clés de l'étude de ce type de matériau, sur les relations structures propriétés, les mécanismes de déformations, et quelques aspects des lois de comportement existant sur les matériaux cellulaires. Cette partie permettra de préciser la problématique scientifique et la stratégie de l'étude.

Le deuxième chapitre sera principalement consacré aux techniques expérimentales nécessaires à cette étude, ainsi qu'à l'obtention d'échantillons et à la présentation des principales caractéristiques structurales des mousses polyuréthane.

Le troisième chapitre sera axé sur l'étude du comportement à basses températures des mousses polyuréthane, en compression et en fluage. Le but sera de déterminer quels sont les phénomènes prédominant dans cette gamme de température. Nous essayerons de déterminer l'influence respective des mécanismes de déformation et de l'endommagement.

Enfin, dans le dernier chapitre, nous étudierons la faisabilité d'une méthode de prédiction du comportement long terme aux températures cryogéniques basée sur le principe d'équivalence temps-température. Une étude des effets d'échelles sera préalablement réalisée afin de s'assurer que la taille des échantillons utilisés est bien représentative du comportement global.

Chapitre I : Eléments bibliographiques

L'objectif de ce chapitre est de présenter quelques éléments sur les matériaux cellulaires, et plus particulièrement les matériaux cellulaires polymères. Ainsi, dans un premier temps le mode d'élaboration de ces matériaux et les principales caractéristiques morphologiques seront présentés. Le but de cette étude étant dans un premier temps d'identifier les mécanismes de déformation des mousses polyuréthanes lors d'essais de compression et de fluage, nous verrons quel est le comportement mécanique de ce type de matériaux sous ces sollicitations, et quels sont les mécanismes de déformation associés. Quand cela sera possible, nous verrons l'influence de la température sur ces mécanismes. Et enfin, vu les conditions extrêmes d'utilisation des mousses de notre étude, nous verrons les conséquences d'un éventuel endommagement sur les propriétés mécaniques. Le deuxième point de cette étude concerne la prédiction à long terme du comportement des mousses polyuréthanes. Pour cela quelques rappels seront faits sur la viscoélasticité des polymères massifs ainsi que sur le principe d'équivalence temps-température, puisque c'est cet outil prédictif qui a été examiné pour le comportement long terme à froid des matériaux de l'étude.

A. Matériaux constitutifs et matériaux cellulaires polymères

A.1.Produits constitutifs et élaboration d'une mousse polymère

Dans le cas de notre étude, les mousses étudiées sont des mousses de polyuréthanes thermodurcissables. Nous allons donc dans un premier temps présenter les principales caractéristiques de ce polymère avant de s'intéresser au procédé de moussage et à la caractérisation des mousses.

A.1.1 Polyuréthanes

Les polyuréthanes présentent la particularité de faire partie des seuls produits plastiques que les transformateurs préparent directement à partir des monomères ou de pré-polymères. Ils résultent de la réaction chimique d'un polyisocyanate avec des groupements comportant un hydrogène mobile, principalement des groupes hydroxyles dits également polyols. La réaction de polymérisation de l'uréthane demande un certains nombre de réactifs, dont les principaux sont les suivants :

- polyols
- isocyanates
- agents d'expansion
- catalyseurs
- tensioactifs ou silicones
- réticulants

- agents ignifugeants ou retardant
- autres additifs
- agent de démoulage

Les deux principaux composants, à savoir polyols et isocyanates sont définis par leurs nombres de groupements réactifs intervenant dans la réaction, ce qui régit leurs fonctionnalités. Par exemple pour les polyols un diol aura une fonctionnalité égale à 2, alors qu'un quadrol aura une fonctionnalité de 4.

Le choix de la formulation aura une grande importance et se fera en fonction des caractéristiques finales souhaitées, tel que la masse volumique, la rigidité ou souplesse du produit final, le volume de la pièce, et des caractéristiques mécaniques. Le réseau obtenu par les diverses réactions est généralement tridimensionnel [Demharter, 1998]. Selon la nature des polyols et isocyanates, le produit final pourra être plus ou moins rigide. L'explication est due au fait qu'avec des chaînes courtes, les liaisons entre les chaînes sont très rapprochées, très denses et rendront le système plus rigide; alors qu'au contraire de longues chaînes assoupliront le produit. Ainsi, il existe aussi des polyuréthanes où coexistent des segments dits « durs » et « mous » en alternance, comme schématisé sur la Figure I 2. Les segments souples sont constitués de diols appelés macro glycols, et les segments rigides sont issus de réactions entre fonctions isocyanates et extenseur de chaines. La non compatibilité entre ces deux types de segments va induire des séparations de phases en micro-domaines, comme représenté schématiquement ci-dessous :

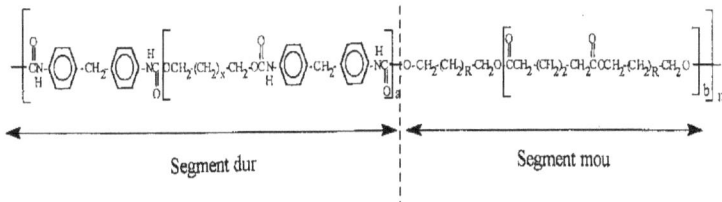

Figure I 1 : Morphologie d'une chaine polyuréthane comprenant segments durs et segments mous [Demharter, 1998].

Ces caractérisations ont été menées sur des matériaux polyuréthanes massifs et non des mousses polyuréthanes. Une des interrogations concernant les matériaux de notre étude est de savoir si le matériau constitutif des parois de cellules des mousses peut aussi être représenté de la même façon.

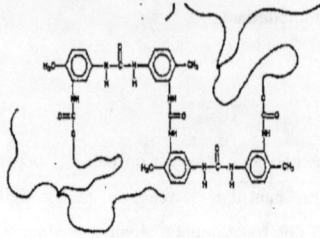

Figure I 2 : Schématisation d'un polyuréthane avec les deux types de segments.

Généralement, le nombre réduit de segments rigides, fait que le comportement de ces polyuréthanes est plutôt gouverné par les segments souples [Sanchez Adsuar, Martin-Martinez, Papon, & Villenave, 1998]. La quantité de segments durs par rapports aux segments mous va jouer sur les propriétés physiques du polyuréthane, et notamment sur sa transition vitreuse et ses caractéristiques viscoélastiques. Ainsi dans l'étude de [Sanchez Adsuar, Martin-Martinez, Papon, & Villenave, 1998] trois formulations ont été testées : HS1, HS2 et HS3. La première formulation correspond à celle où est observée une proportion massique maximale de segments rigides. Les modèles HS2 et HS3 correspondent à des segments rigides en diminution. L'influence sur la réponse en DMA est illustrée Figure I 3 :

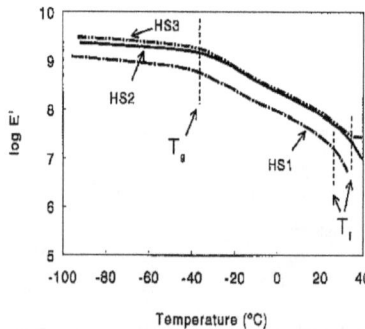

Figure I 3 : Variation de log E' pour les polyuréthanes de la série HS. (Flexion 3 points, fréquence : 1 Hz, amplitude : 64µm, balayage en température : 5°C/min entre -100 °C et + 100°C). [Sanchez Adsuar, Martin-Martinez, Papon, & Villenave, 1998].

Ces résultats mettent en évidence une moins bonne tenue thermomécanique pour la formulation HS1, contenant la plus grande quantité de segments rigides ; la Tg est plus basse pour HS1 que pour les autres formulations, ainsi que la valeur du module de conservation E' et de Tf. Il semblerait donc que la tenue mécanique soit plutôt gouvernée d'une part par la souplesse des unités macroglycol,

11

d'autre part par les fonctions polaires présentes dans les séquences molles, moins elles sont nombreuses et moins la tenue est bonne.

Ainsi, la formulation des polyuréthanes massifs à une grande importance sur le comportement mécanique de ceux-ci. Il sera donc important d'avoir des informations sur la formulation du polyuréthane de l'étude, pour mieux comprendre le comportement des parois des cellules et donc de la mousse dans sa globalité.

A.1.2. Procédé de fabrication

Les matériaux cellulaires polymères se distinguent principalement en deux catégories qui sont les mousses souples, à cellules ouvertes, et les mousses rigides, à cellules fermées. Les procédés de fabrication ne sont pas les mêmes. Dans le cas de notre étude, les mousses étudiées seront des mousses rigides hautes densités. Ces mousses rigides peuvent être élaborées de plusieurs manières : on distingue deux procédés couramment utilisés qui permettent d'obtenir des mousses en blocs, en panneaux continus ou in situ.

Les mousses en bloc comme celles de cette étude sont obtenues à partir de machines de coulée à basse pression, que l'on peut schématisé comme sur la Figure I 4. Les produits sont stockés dans leurs réservoirs thermostatés, une pompe doseuse à engrenage délivre la quantité souhaitée pour chacun des produits et un agitateur mécanique homogénéise le mélange, puis celui-ci est coulé sur un convoyeur. Hauteur et largeur des panneaux sont fixées par des gabarits sur le convoyeur, et les panneaux sont coupés à la longueur voulue en bout de chaîne.

Les mousses en panneaux et in situ sont obtenues par des machines de coulées à haute pression. Elles contiennent des bacs de stockage où sont respectivement déposés le polyol et l'isocyanate. La circulation et le dosage des composants sont assurés par des pompes à piston. Cette technique permet un mélange optimal des composants et un écoulement linéaire du mélange réactionnel à la sortie de la chambre de mélange.

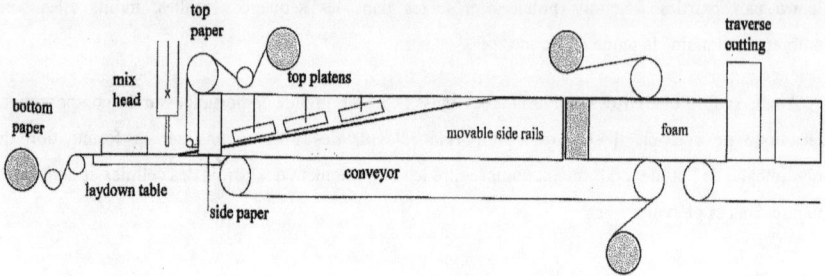

Figure I 4 : Schéma du mode de fabrication de bloc de mousse rigide sur convoyeur [Demharter, 1998].

La masse volumique des mousses rigides varie de 10 à 800 kg/m³. La rigidité des mousses vient des cellules fermées à 90-95%. Suivant la densité du produit final, l'expansion sera de 1.5 à 120 fois le volume initial. Les mousses rigides ont d'excellentes propriétés d'isolation thermique dans une large plage de température.

A.2. Etude morphologique des matériaux cellulaires polymères

Comme nous l'avons précisé auparavant, il existe plusieurs types de matériaux cellulaires, nous allons maintenant nous intéresser à ce qui les caractérise, et à leur microstructure.

Les matériaux présentent une morphologie hiérarchique à trois échelles que nous allons qualifier de : micro, méso et macro, et préciser dans ce paragraphe.

A.2.1. Echelle microscopique

L'échelle microscopique correspond à celle du matériau constitutif des parois. Elle implique le comportement intrinsèque de la matrice solide. Selon [Gibson & Ashby, (1997)], c'est le comportement de cette matrice qui conditionne le comportement mécanique des mousses, qui peut être soit élastique, plastique ou fragile. Il existe peu d'études sur cet aspect du comportement des matériaux constitutifs des parois, effectivement il est difficile d'accéder au comportement réel des parois des cellules à partir des essais réalisés sur des échantillons de matériaux cellulaires.

A.2.2. Echelle mésoscopique

L'échelle mésoscopique est celle de l'arrangement des cellules au sein de la matrice. Les paramètres morphologiques sont leur taille, leur forme ainsi que la géométrie du squelette. Sur ce point, une des principales caractéristiques à déterminer est de savoir si les mousses étudiées sont constituées de cellules ouvertes ou de cellules fermées.

Une mousse est considérée à cellule ouverte, lorsque ce sont des arêtes qui délimitent les cellules, ces arêtes se rejoignant en un sommet. Généralement, 4 arêtes se rejoignent à un sommet, et on parle de connectivité de 4. Ainsi sur la Figure I 5 « t » représente l'épaisseur des arêtes et « l » leur longueur. Ces paramètres jouent un rôle sur les propriétés mécaniques.

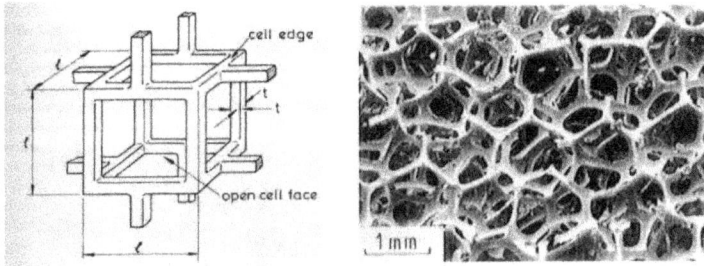

Figure I 5 : Modèle de Gibson et Ahsby de cellule ouverte (à gauche), et exemple d'une mousse polyuréthane à cellules ouvertes (à droite). [Gibson & Ashby, 1997]

En schématisant les cellules toujours selon le modèle géométrique cubique de Gibson et Ashby, une cellule est dite fermée, quand les faces des cubes sont closes par des membranes, comme l'illustre la Figure I 6.

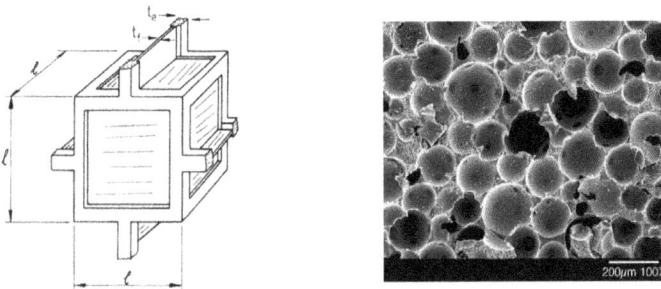

Figure I 6 : A gauche cellule fermée selon le modèle de Gibson et Ashby, à droite exemple de cellules fermées dans une mousse polyuréthane [Zhu & Mills, 1999]

14

Sur la figure ci-dessus, « l » représente toujours la longueur des arêtes, « t_e » l'épaisseur de l'arête et enfin « t_l » représente l'épaisseur de la membrane (généralement plus fine que celle des arêtes).

A ce niveau mésoscopique, en plus de la forme et de la taille des cellules, il faudra aussi s'intéresser à leur arrangement et à leur orientation.

Le modèle géométrique de Gibson et Ashby se base sur une géométrie cubique, mais dans la réalité d'autres formes de cellules sont observées. Les plus courantes sont les formes sphériques ou hexagonales. Des illustrations de ce type de matériaux cellulaires sont données Figure I 7. Sur le cliché des mousses polyuréthanes, à droite, les zones rondes plus foncées sur les cellules représentent en fait la percolation des cellules, [Saint-Michel, Chazeau, & Cavaillé, 2006].

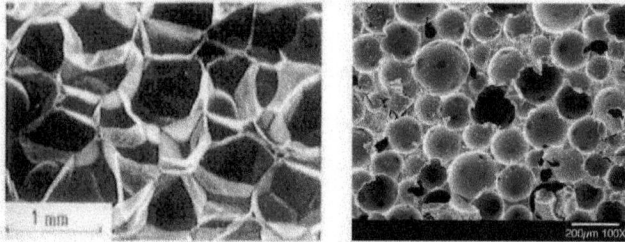

Figure I 7 : A gauche, cliché MEB d'une mousse PVC à cellules ouvertes hexagonales [Gibson & Ashby, 1997], à droite mousse polyuréthane à cellules fermées sphériques [Saint-Michel F. , Chazeau, Cavaillé, & Chabert, 2006].

Généralement les matériaux cellulaires dits flexibles sont constitués de cellules ouvertes, alors que les matériaux cellulaires rigides sont constitués de cellules fermées.

En ce qui concerne la taille, il peut s'agir de déterminer un diamètre moyen, dont la représentativité va dépendre de la distribution observée (voir Figure I 8). Plus la distribution sera large, plus il sera difficile de déterminer un diamètre moyen significatif. L'anisotropie des cellules (voir Figure I 9) est une caractéristique importante à prendre en compte ; cette anisotropie est intimement liée au processus de moussage. Elle aura un rôle important dans la caractérisation du comportement mécanique des mousses. Les propriétés seront fonction de la direction, dans le sens du moussage ou l'axe est nommée R ou dans la direction transverse ; axe nommé T [Tu, Schim, & Lim, 2001]. Ainsi les propriétés en compression sur mousses polyuréthanes à cellules ouvertes sont meilleures dans le sens du moussage que dans le sens transverse, avec une valeur de module pouvant être jusqu'à 1,5 fois plus importante dans le sens du moussage.

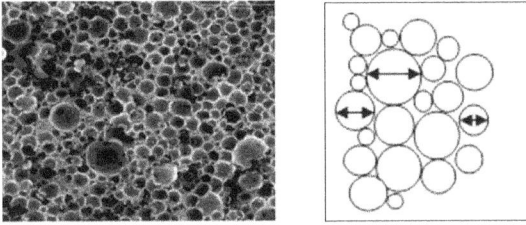

Figure I 8 : A gauche, exemple de dispersion dans une mousse PU à cellules sphériques fermées [Saint-Michel, Chazeau, & Cavaillé, 2006], à droite schématisation de la dispersion de taille des cellules.

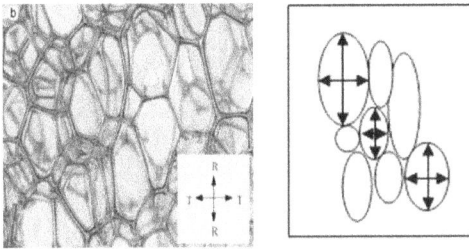

Figure I 9 : A gauche, illustration de l'anisotropie dans le sens du moussage d'une mousse PU flexible à cellules hexagonales ouvertes ou R représente l'axe dans le sens du moussage et T l'axe dans la direction transverse au moussage [Tu, Schim, & Lim, 2001], à droite schématisation de l'anisotropie.

Dispersion et anisotropie sont des conséquences directes de la façon dont la mousse a été mise en œuvre.

A.2.3. Echelle macroscopique

Pour finir, à l'échelle macroscopique le matériau est souvent considéré comme homogène, et est essentiellement décrit par sa densité, ou densité relative :

$$\rho^* = {}^{\rho}/_{\rho_s}$$

Ou

- ρ^* est la densité relative
- ρ la densité du matériau alvéolaire (mesuré par balance de Mohr par exemple)
- ρ_s la densité du matériau solide constitutif.

16

Pour résumer, les principaux paramètres morphologiques sont :

- la densité relative ρ^*
- le caractère ouvert ou fermé des cellules
- l'isotropie des cellules
- la forme, la dispersion et la taille des cellules
- la forme des arêtes et des faces
- la microstructure du matériau constitutif.

B. Comportement mécanique des matériaux cellulaires

Le comportement mécanique des mousses polymères a été très étudié, dans des domaines d'utilisation massif c'est-à-dire sous impact et à grande déformation en raison de leur amortissement. Ces matériaux ont pour principaux intérêts techniques : une faible conductivité thermique, de hauts modules spécifiques, une haute capacité d'absorption d'énergie, une faible densité, un rôle d'isolant thermique et ils ont aussi pour avantage d'avoir de faibles coûts. Dans cette partie, les principales caractéristiques du comportement mécanique seront présentées en se focalisant plus particulièrement sur le comportement en compression monotone, ainsi que les mécanismes qui lui sont associés. L'importance et l'influence des effets d'échelles dans ce type de matériaux seront également étudiées. Enfin le rôle de la viscoélasticité sera abordé. Pour chaque aspect, les spécificités à basses températures seront présentées, lorsque celles-ci auront déjà été traitées dans la littérature.

B.1. Généralités sur le comportement en compression

Les propriétés mécaniques des matériaux cellulaires sont généralement mesurées par les mêmes méthodes que celles utilisées pour les matériaux denses. Le comportement en compression des matériaux cellulaires s'avère assez remarquable par rapport à leur densité relative, ils montrent également une grande capacité d'absorption d'énergie.

B.1.1. Courbes typiques et mécanismes associés

La compression est le mode de sollicitation le plus largement cité dans la littérature. Les échantillons testés sont de formes simples, cylindriques ou cubiques dans la grande majorité des cas. Les précautions à prendre concernent le parallélisme des faces entre les plateaux de compression, et les conditions de frottement entre l'échantillon et les plateaux de l'équipement. Ces conditions de frottement pourront être optimisées dans le choix de la découpe d'échantillons par exemple, ou en utilisant du film téflon. Selon le constituant du matériau cellulaire, ce dernier va présenter un comportement typique en compression tel que décrit par Gibson et Ashby [Gibson & Ashby, 1997], ce qui est représenté sur la Figure I 10.

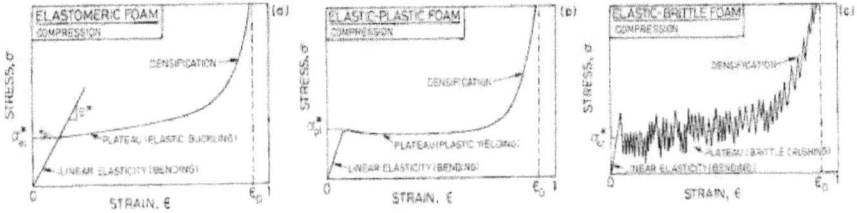

Figure I 10: Courbes de contrainte-déformation en compression de trois types de mousses : (a) elastomères, (b) élastoplastiques et (c) fragiles. [Gibson & Ashby, 1997]

Sur chacune de ces courbes on peut clairement distinguer trois régions, qui correspondent chacune à des mécanismes spécifiques.

- La région 1, de faible déformation (moins de 5%) est dite d'élasticité linéaire. Pour les cellules ouvertes, le mécanisme prédominant est la déformation par courbure des arêtes (voir Figure I 12), du moins pour les faibles densités. Quant-aux mousses à cellules fermées, toujours d'après [Gibson & Ashby, 1997] le mécanisme de déformation prédominant est la flexion des arêtes et l'étirement des parois (voir Figure I 13), ce qui correspond à la phase 0 et 1 sur Figure I 11.

- La région 2 est caractérisée par un plateau avec, dans certains cas, une diminution initiale de la contrainte. Elle correspond au flambement élastique dans le cas des mousses élastomères, à un affaissement plastique dans le cas des mousses élastoplastiques, et à un écrasement fragile dans le cas des mousses fragiles. Physiquement sur ce plateau, l'effondrement des mousses est causé par la compressibilité des parois des cellules. Cet effondrement se caractérise par un plateau constant en présence de mousses à cellules ouvertes, alors que pour les cellules fermées la courbe n'est plus horizontale mais augmente légèrement, ce qui correspond aux phases 3, 4 et 5 sur la Figure I 11.

- La région 3 correspond à la densification. Quand la contrainte est importante, les parois opposées des cellules s'écrasent et elles ne forment plus qu'un matériau lui-même compressé. Dans ces conditions, la contrainte augmente rapidement et par approximation tend vers une pente égale à E_s, jusqu'à une déformation limite ε_d. La cinétique de déformation devient plus lente quand la densification commence. Ceci correspond aux phases 6 et 7 sur Figure I 11.

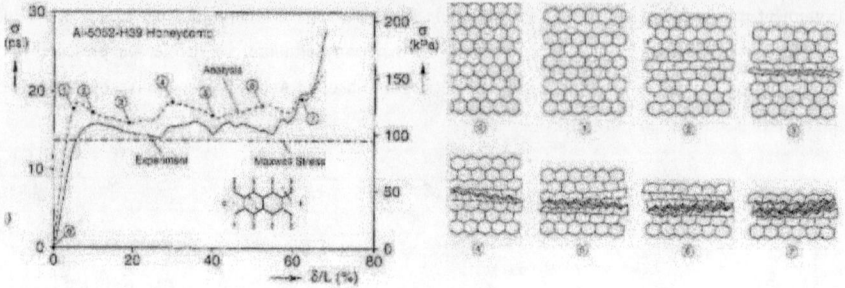

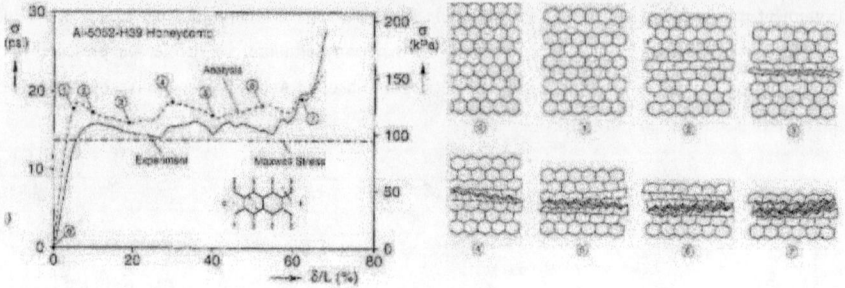

Figure I 11 : Courbe expérimentale de compression et étapes associées pour un matériau cellulaire. [Gibson & Ashby, 1997]

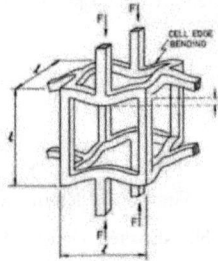

Figure I 12 : Déformation de la cellule ouverte en régime d'élasticité linéaire par flexion des arêtes [Gibson & Ashby, 1997].

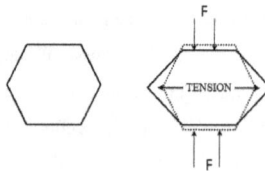

Figure I 13 : Schématisation de la déformation par flexion des arêtes et étirements des parois dans une cellule fermée, dans la zone d'élasticité linéaire [Gibson & Ashby, 1997].

En régime non linéaire, Gibson et Ashby ont pu identifier deux types de déformations : l'effondrement élastique dû au flambage des arêtes (voir Figure I 14 (a)) et l'effondrement plastique qui lui est dû à l'apparition de rotules plastiques au niveau de la jonction des arêtes (voir Figure I 14 (b)). Ces deux déformations sont schématisées ci-dessous.

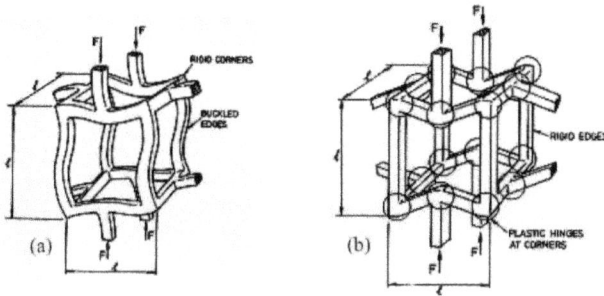

Figure I 14 : Déformation de la cellule élémentaire en régime non linéaire, (a) par flambage élastique; (b) par écroulement plastique [Gibson & Ashby, 1997].

En ce qui concerne les mousses à cellules fermées, le modèle [Gibson & Ashby, 1997] considère que la contribution des parois est largement inférieure à la contrainte générée par la pression des gaz à l'intérieur des cellules. Les mécanismes de déformation ne sont pas exclusifs à chaque type de mousse, ils peuvent coexister au sein de la même mousse et interagir pour former un mécanisme global d'écroulement de cellule, en particulier dans la région 2 (voir Figure I 11). Ces mécanismes peuvent être homogènes et apparaître simultanément dans tout le volume du matériau cellulaire, comme ils peuvent être localisés. Cette localisation peut se manifester par l'apparition de bandes de déformation de faibles épaisseurs perpendiculaires à la direction de compression. Des travaux sur des mousses polyuréthanes à cellules ouvertes [Tu, Schim, & Lim, 2001], ont également montré ces phénomènes de bandes (voir Figure I 15). Dans cette étude il a été montré qu'une des principales caractéristiques de la phase du plateau était que la déformation ne soit pas uniformément répartie dans la globalité du matériau. Il existe des zones de déformation par bandes. En nommant ε_y la déformation élastique et ε_d la déformation de densification ; la déformation dans la zone élastique est donc ε_y, alors qu'elle sera ε_d dans la zone de densification, et elle sera intermédiaire entre ses deux valeurs dans la zone du plateau.

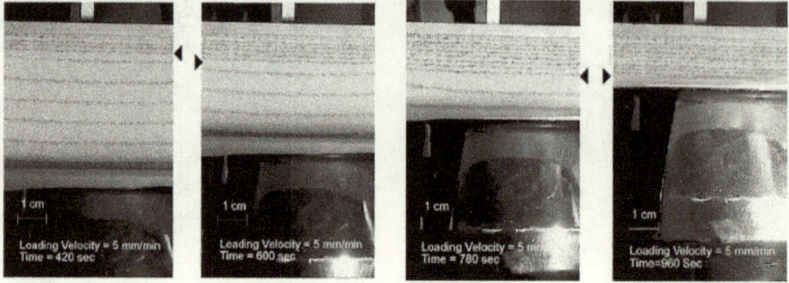

Figure I 15 : Exemple de localisation de déformation sous forme de bandes d'écroulement sur une mousse PU à cellules ouvertes [Tu, Schim, & Lim, 2001].

Une bande de déformation va se référer à une région qui s'est effondrée ou densifiée, et un front de bande correspond à la frontière qui va séparer cette zone de la zone élastique. Ce qui peut être schématisé de la façon suivante (voir Figure I 16) :

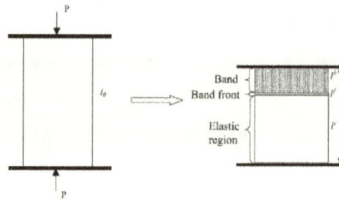

Figure I 16 : Représentation schématique des 3 zones de déformations dans un échantillon soumis à compression uniaxiale.

Il est possible qu'à tout moment de l'essai apparaissent de multiples bandes d'effondrement et de front de bandes. La déformation globale comprend la formation et la propagation des bandes de déformations. Initialement, le matériau est complètement élastique et aucune bande n'existe. Lors de la compression, les couches les plus fragiles génèrent un premier front de bande. La déformation globale est alors confiné dans cette bande jusqu'à l'effondrement complet de cette bande, qui va alors générer un nouveau front de bande et se déplacer vers la couche adjacente, pour provoquer une nouvelle couche d'effondrement. Ce cycle se répète et se déplace vers la région élastique de bandes en bandes. Pendant la phase de plateau la déformation globale est limitée à cette succession de bandes, et la région élastique ne contribue pas à la déformation totale (voir Figure I 16).

Des études similaires [Pampolini & Del Piero, 2009], sur des mousses polyuréthanes confinées montrent également la localisation de la déformation lors des phases 3 et 4. Les courbes de compression, malgré le confinement sont similaires à celles prévues par [Gibson & Ashby, 1997], comme le montre la Figure I 17.

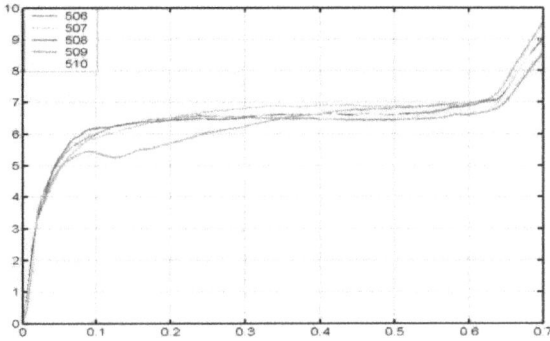

Figure I 17 : Courbes expérimentales de mousses polyuréthane en compression confinée.

Durant les essais de compressions confinées, les mêmes phases de déformation ont été observées (Figure I 18), à savoir une déformation initialement homogène (image 1), puis une déformation plus importante sur les couches supérieures (image 2), avant une propagation de cette déformation sur les couches inférieures (images 3 et 4), et enfin une déformation homogène dans tout le matériau (image 5).

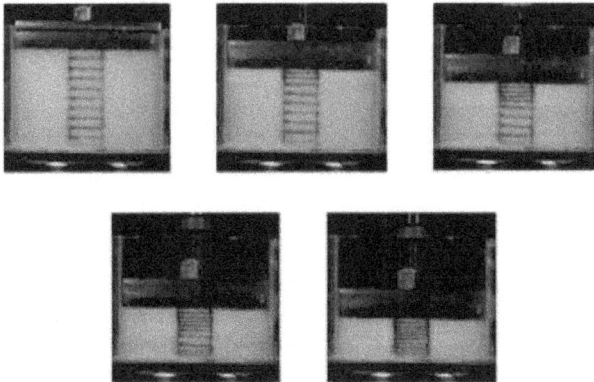

Figure I 18 : Mécanisme progressif de déformation dans une mousse PU confinée [Pampolini & Del Piero, 2009].

La direction d'application de la charge par rapport au sens du moussage a également une nette influence sur le comportement mécanique. En effet, [Tu, Schim, & Lim, 2001] ont montré que lors de sollicitations dans le sens parallèle au sens du moussage, on observe bien les trois phases distinctes décrites par [Gibson & Ashby, 1997], avec un réel plateau, alors que dans le sens transverse, la région 2 dite du plateau est beaucoup moins plane et constante, il n'y a plus réellement de « plateau » mais plutôt une augmentation constante correspondant à une densification lente et progressive. Cependant, ces observations ont étés réalisées sur des mousses à cellules ouvertes, il se peut que l'on observe de légères différences sur des mousses plus denses à cellules fermées.

Globalement, il faut retenir que pour un mode de sollicitation en compression, les matériaux cellulaires, et notamment les matériaux cellulaires polymères présentent 3 phases distinctes. Une première correspond à une faible déformation homogène, suivie d'une phase d'écrasement et de déformation localisée, pour finir par un retour à une déformation homogène due à une densification du matériau. Seules les valeurs de contraintes à ces différents seuils dépendent du type de mousse étudiée, avec une grande influence de la structure cellulaire (cellule ouverte ou fermée) et de la densité. De plus, l'allure de la courbe dépendra également du sens de l'application de la charge par rapport au sens de moussage.

B.1.2. Influence de l'élaboration sur le comportement mécanique

Dans cette partie, nous allons nous intéresser à l'influence de l'élaboration des mousses sur le comportement mécanique final, et plus particulièrement aux effets dus au matériau constitutif et à la structure cellulaire.

B.1.2.1. Compression à l'ambiante

Comme nous l'avons indiqué partie A.1, le comportement des mousses, ici en particulier les mousses polyuréthanes, est fortement lié à la formulation du mélange, donc au matériau constitutif mais aussi au mode de production.

Nous avons vu précédemment que, dans le cas des mousses rigides à cellules fermées, le mode de production le plus utilisé est la production par bloc. Alors que dans le cas des mousses souples à cellules ouvertes, le moulage est souvent utilisé. Une étude [Dimitrios & Wikes, 1997] a comparé le comportement mécanique de mousses polyuréthanes souples moulées et de mousses polyuréthanes produites en bloc, sollicitées en compression, sur un cycle de charge - décharge. Dans cette étude les propriétés sont traitées dans leur ensemble, et les résultats sont donnés en pourcentage global de l'évolution de ces propriétés. En réalisant le même cycle de charge – décharge sur chaque type de mousses, des différences notables apparaissent en termes de modules notamment et de recouvrance des propriétés. Selon la nature de mousse étudiée, la forme de l'hystérésis est totalement différente, ce que l'on peut observer sur la figure ci-dessous :

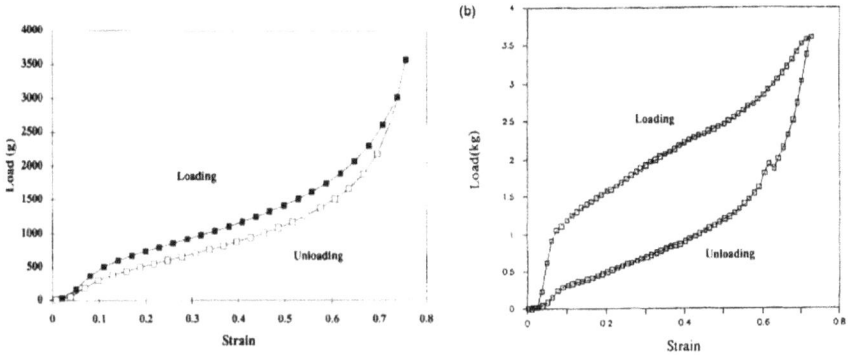

Figure I 19 : Courbe de force-déformation pour : mousse moulée à gauche, et mousse produite en bloc à droite [Dimitrios & Wikes, 1997].

De plus, température et humidité ont une importance sur les propriétés mécaniques en compression. Quand la température et l'humidité augmente, l'ensemble des propriétés étudiées (module et seuil de localisation) augmentent aussi. En comparant les résultats obtenus sur mousses en bloc et mousses moulées testées à 100 °C et 98 % d'humidité relative, il a été montré une augmentation d'environ 63 % des valeurs de module en compression pour les mousses moulées alors que les mousses en bloc n'augmentent que de 15%. Les mousses produites en bloc sont donc moins sensibles aux variations de conditions d'essai. Les propriétés ont été par la suite mesurées 22 jours après l'essai, pendant lesquels les éprouvettes ont été placées à température ambiante et à 50% d'humidité relative. Il a été observé que les mousses produites en bloc recouvraient 9 % de leurs propriétés, alors que dans les mêmes conditions les mousses moulées n'ont affiché aucune recouvrance. Les auteurs supposent que ces différences sont principalement le résultat de différence de morphologie. Les mousses en blocs devant présenter un meilleur réseau covalent et/ou une proportion de segments durs plus importante.

Cependant, en ce qui concerne les mousses rigides, la capacité de recouvrance de la déformation est fortement dépendante de la quantité de segments rigides. A trop forte dose, les effets sont perdus. En fonction de la recouvrance souhaitée, il est donc nécessaire d'adapter la formulation initiale du mélange.

Ainsi, pris indépendamment structure cellulaire (c'est-à-dire cellule ouverte ou fermée) et matériau constitutif des parois ne suffisent pas à la compréhension et à la détermination du comportement d'une mousse polymère. C'est le compromis de ces deux paramètres structuraux entre autres qui déterminera le comportement du matériau alvéolaire produit. S'ajoute comme paramètre déterminant la densité. Les travaux de [Saint-Michel F. , Chazeau, Cavaillé, & Chabert, 2006] présentent l'évolution des propriétés mécaniques avec la densité, notamment une augmentation du module avec cette dernière.

B.1.2.2. Spécificité du comportement mécanique à froid

Il existe quelques rares études dans la littérature où de tels matériaux cellulaires ont été testés à des températures négatives voire cryogéniques, notamment dans les ouvrages de Yakushin [Yakushin, Zhmud', & Stirna, 2002].

Dans ces travaux, des mousses polyuréthanes haute densité ont été testées notamment mécaniquement avec des comparaisons entre température ambiante et températures cryogéniques. Dans ces travaux, une part importante était aussi accordée à la constitution des mousses polyuréthanes, et notamment au pourcentage en volume de segments rigides dans la mousse. Les essais mécaniques sont réalisés en traction et non en compression comme vu précédemment, sur des mousses de polyuréthane de densité $40kg/m^3$ à $\pm 2kg/m^3$. Les valeurs expérimentales sont déterminées à partir du capteur de force et du déplacement de la traverse de la machine. La Figure I 20 présente la dépendance du module et de la limite élastique au pourcentage de segments rigides.

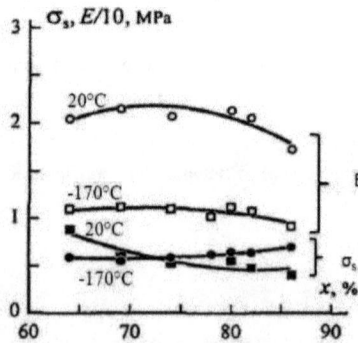

Figure I 20 : Module E (O , □) et résistance σ (●, ■) élastique de mousses polyuréthanes en fonction de la quantité de segments durs, à 293 K (O , ■) et 98K (□ ●) [Yakushin, Stirna, & Zhmud' (1999)].

Il apparaît que la température a une nette influence sur les valeurs de module, et ce quelque soit le ratio de segments durs dans la mousse. Il est observé qu'à température ambiante, des valeurs de module environ deux fois plus importantes sont trouvées en traction, comparativement à des essais menés à -170°C (température avec circulation d'azote liquide dans le dispositif d'essai).

Quant à la limite élastique, la température n'est pas le seul facteur influençant le comportement. En effet en dessous de 75% de fraction de segments durs, il apparaît que cette valeur est plus élevée à température ambiante qu'à froid, alors qu'au dessus de ce ratio, la limite élastique devient plus importante à froid. Le but de cette étude était de caractériser quelle formulation était idéale pour une utilisation à froid de ces mousses, il est apparu que pour avoir des conditions mécaniques optimales, un ratio de 78% de segments durs était nécessaire.

Nous retiendrons surtout de cette étude, que la microstructure du matériau constitutif, c'est-à-dire sa composition, est de premier ordre sur la dépendance du comportement à la température à froid.

B.1.3. Effets d'échelles dans les matériaux cellulaires

La particularité des matériaux cellulaires par rapport aux matériaux massifs réside dans l'échelle de la structure cellulaire. Effectivement si dans un matériau massif, différentes échelles existent, notamment au niveau de la microstructure, elles sont bien inférieures à l'échelle dite macro. De ce fait les éprouvettes sont suffisantes à caractériser le comportement global du matériau. Or dans les mousses, polymères ou autres, l'échelle de la structure cellulaire est proche de l'échelle macro. La caractérisation mécanique se faisant sur des éprouvettes de dimension donnée, il est nécessaire que ces dernières soient représentatives des caractéristiques globales du matériau : elles doivent donc avoir ce qui est communément appelé une taille ou un volume représentatif. Ce volume représentatif est notamment dépendant des échelles présentes dans le matériau étudié, et dépend aussi généralement du chargement mécanique considéré.

Beaucoup d'études sur les effets d'échelles existent sur les matériaux cellulaires métalliques mais très peu sur les mousses polymères. Sur les métalliques, ces études ont étés menés sur différent type de chargement, flexion [Andrews, Gioux, Onck, & Gibson], [Brezny & Green, 1990], [Lakes, 1983], traction [Andrews, Gioux, Onck, & Gibson], et cisaillement [Andrews, Gioux, Onck, & Gibson], [Chen & Fleck, 2002] en particulier.

Dans le cas des mousses aluminium, les plus présentes dans la littérature sur ce sujet, [Rakow & Waas, 2005] ont étudié le rôle des effets d'échelles afin de déterminer un volume d'éprouvette représentatif du comportement massif pour des essais de cisaillement. Différentes densités correspondant à différentes tailles de cellules ont été testées. Un mouchetis est préalablement déposé sur la surface du matériau, ce qui permet ensuite de faire une analyse précise des champs de déformation par corrélation d'images. Des sous-régions de taille de plus en plus petite ont été étudiées, comme le montre la Figure I 21.

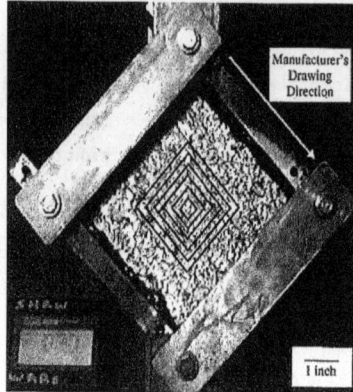

Figure I 21 : Essai de cisaillement sur mousse aluminium (la flèche représente le sens de moussage). Les zones tracées sont les sous régions étudiées pour évaluer les effets d'échelles [Rakow & Waas, 2005].

A chaque région correspond un nombre de cellules par arête, nombre compris entre 9 et 24. La première sous-région a une arête deux fois plus petite que l'arête de l'éprouvette totale, afin de négliger les éventuels effets de bords présents dans l'essai. Les champs de déformation dû à la contrainte de cisaillement ont été moyennés pour chaque sous-région ainsi que pour l'échantillon dans sa globalité ce qui permet de présenter des courbes de contrainte-déformation pour chaque surface étudiée, Figure I 22 :

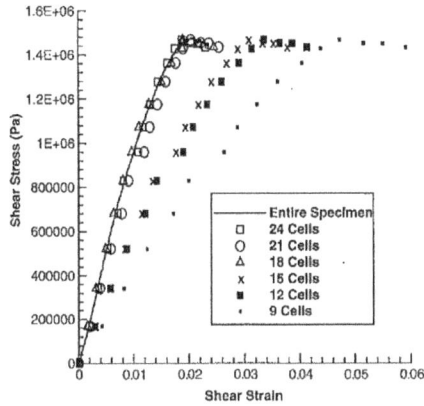

Figure I 22 : Courbes des déformations en fonction de la contrainte de cisaillement pour chaque sous région étudiée, présentées par tailles décroissantes [Rakow & Waas, 2005]

Sur ces courbes, il est nettement remarquable qu'à partir du moment où 18 cellules sont présentes sur le côté de la surface étudiée, celle-ci devient représentative du comportement global, puisque les courbes à partir de cette surface sont superposables. En dessous de cette valeur, une déviation non négligeable apparait, et ces surfaces ne sont plus représentatives du comportement mécanique global du matériau.

Il existe quelques études réalisées par [Yakushin, Stirna, & Zhmud 1999] sur les mousses rigides polyuréthanes et les effets de leur structure et composition chimique sur les propriétés à froid. Dans le cadre de cette étude, plusieurs tailles d'éprouvettes ont été testés, et ce pour différents type de structures cellulaires, dans le but de définir l'importance de cette échelle cellulaire sur le choix d'une dimension d'échantillon. Lors des essais de traction menés dans cette étude, les échantillons étaient de forme cylindrique, avec une hauteur de 13 mm et un diamètre de 46 mm, et dans le cas des essais de compression, les échantillons étaient des cylindres de 20 mm de hauteur et de diamètre. Les résultats de cette étude ont montré que, dans le cas de mousses avec une structure cellulaire fine, c'est-à-dire avec des diamètres de cellules inférieures à 200 µm, les effets d'échelles étaient insignifiants, et les résultats sur les propriétés mécaniques ne variaient pas de plus de 10% par rapport aux résultats sur les échantillons normalisés.

En conclusion, peu de travaux dans la littérature mettent en avant l'étude de ces effets d'échelles sur les mousses polymères, alors que les études sur mousses métalliques sont plus nombreuses. Cependant la structure de ces deux matériaux étant similaires, il n'y a pas de raison pour que cette notion ne soit pas importante pour les mousses polymères. La structure cellulaire du matériau entrera en compte dans l'étude des effets d'échelles notamment via la taille moyenne des cellules. De plus dans la majorité des travaux cet effet n'est étudié que selon un type de sollicitation, qui est souvent monotone. Il sera intéressant dans notre cas de comparer ces potentiels effets d'échelles en sollicitation monotone type compression, et en sollicitation long terme comme le fluage.

B.2. Rôle de l'endommagement sur le comportement mécanique

Les matériaux alvéolaires sont constitués de cellules de parois plus ou moins fines, susceptibles d'être sensibles à l'endommagement. Le comportement mécanique et les propriétés structurales des mousses seront donc directement affectés par la présence d'endommagement dans le matériau constitutif.

Quelques résultats sur le rôle de l'endommagement existent principalement pour les mousses aluminium à cellules ouvertes. Dans une étude de San Marchi [San Marchi, Despois, & Mortensen, 2004] l'endommagement interne est déterminé en mesurant la réduction de la rigidité de la mousse avec la déformation, sur deux types de mousses une purement aluminium (Al) et l'autre aluminium-silicium (Al-12Si) où la silice est une phase plus fragile. La baisse de rigidité est mesurée à partir d'essai de compression sur des échantillons cylindriques de 20 mm de diamètre et 20 mm de hauteur et de traction sur barre cylindrique de 80 mm de long et 14 mm de diamètre. Les essais sont réalisés en cyclage de charge-décharge, et des clichés MEB sont effectués à différents niveaux de charges (Figure I 23), afin de suivre l'évolution de l'endommagement.

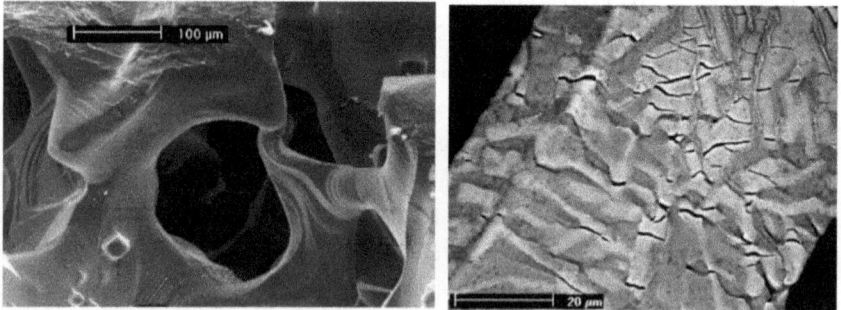

Figure I 23 : A gauche structure de la mousse Al près de la surface après un cycle de chargement : présence de déformation dans les parois. A droite, mousse Al-Si dans les mêmes conditions : présence de micro-fractures dans les parois [(San Marchi, Despois, & Mortensen, 2004].

Une différence de comportement mécanique entre les deux mousses de densités semblables à été mise en avant, et la présence d'endommagement dans le cas des mousses Al-Si a été prouvée avec l'apparition de micro-fractures dans les parties fragiles dès le début de l'essai. De l'endommagement microstructural affecte donc la mousse Al-Si qui, de ce fait, a de moins bonnes propriétés mécaniques que les mousses Al, notamment en compression. Cet endommagement provoque une rupture de la mousse en traction beaucoup plus rapidement que dans le cas du même matériau en massif.

D'autres études, portant sur l'influence de la déformation induite par l'endommagement sur les propriétés mécaniques de mousse aluminium à cellules ouvertes, ont étés menées par [Amsterdam, de Vries, De Hosson, & Onck, 2008]. Ils ont montré que l'accumulation de l'endommagement commençait bien avant le pic de contrainte, et que cet endommagement devenait un facteur critique pour la ductilité globale des mousses aluminium. De plus l'apparition et le taux d'endommagement semblent directement liés à la morphologie des arêtes des matériaux alvéolaires, qui elles-mêmes sont dépendantes notamment de la densité (comme le montre la Figure I 24) et du traitement thermique vu par les échantillons.

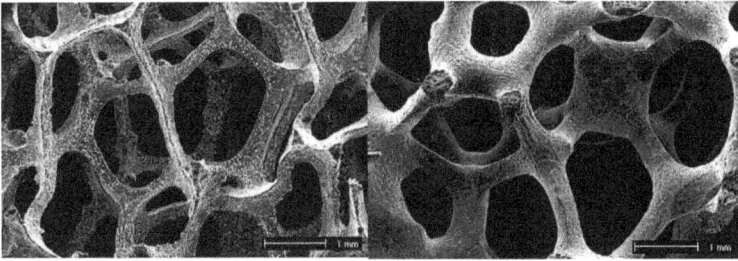

Figure I 24 : Structures de mousses aluminium à cellules ouvertes. Epaisseur des arêtes pour une mousse de basse densité à gauche (densité relative = 5) et de haute densité à droite (densité relative = 13) [Amsterdam, de Vries, De Hosson, & Onck, 2008].

Les parois plus fines à densité égale seront donc plus fragiles et plus sensibles à la fissuration.

Ces travaux mettent en évidence la présence d'endommagement avant le seuil observé sur les courbes d'essai, et l'influence de ce dernier sur les propriétés mécaniques des matériaux alvéolaires métalliques notamment en traction et compression.

De ces résultats ressort que la mise en évidence des mécanismes d'endommagement dans les premiers stades d'un essai, à savoir pour des faibles contraintes, est assez difficile. Si l'observation se fait au MEB, il peut exister des phénomènes de relaxation de surface entre la fin de l'essai et la phase d'observation. Le seul moyen d'y remédier étant de faire de l'observation in situ. Si la caractérisation se fait par tomographie, il est nécessaire d'avoir une résolution suffisamment fine afin de détecter les éventuelles localisations d'endommagement.

De plus, même si les résultats présentés ici concernent des mousses métalliques, qui diffèrent au niveau de la morphologie, des mousses polymères, il est possible qu'un endommagement soit

30

également présent dans les matériaux cellulaires polymères, en particulier dans le cas de traitement thermique préalable par exemple. Dans le cas des matériaux cellulaires polymères il est de plus possible qu'il y ait coexistence de phénomènes visqueux et d'endommagement, ce qui rend plus difficile l'analyse et la caractérisation morphologique de l'endommagement lors de l'apparition de chutes de modules .

C. Viscoélasticité des polymères et équivalence temps-température

Nous avons vu que, dans certaines situations de fluage peu sévères, il était possible de traiter le polymère alvéolaire comme étant un matériau massif. C'est le parti pris par la présente étude pour tenter de développer un outil de prédiction long-terme. Dans cette dernière partie du chapitre, nous allons donc aborder quelques aspects généraux de la viscoélasticité des polymères massifs.

C.1. Définition de la viscoélasticité

Les matériaux polymères présentent, sur une gamme de température large, un comportement viscoélastique, ce qui sous entend que la réponse à une sollicitation mécanique est intermédiaire entre celle d'un solide élastique et celle d'un milieu visqueux newtonien.

Dans le cas d'un solide élastique, la réponse obéit à la loi de Hooke, qui s'écrit en traction/compression de la façon suivante :

$$\sigma = E.\varepsilon \qquad \text{où E est le module d'Young.}$$

Et en ce qui concerne le fluide visqueux, la réponse est définie par la loi de Newton :

$$\sigma = \eta \ (d\varepsilon/dt) \qquad \text{où } \eta \text{ est la viscosité.}$$

Dans le cas particulier du fluage unidirectionnel, le comportement viscoélastique peut être schématisé comme indiqué sur la Figure I 25 en traçant la courbe de déformation en fonction du temps du solide élastique, du liquide visqueux, et du comportement intermédiaire du corps viscoélastique, lorsque les échantillons sont soumis à une charge constante.

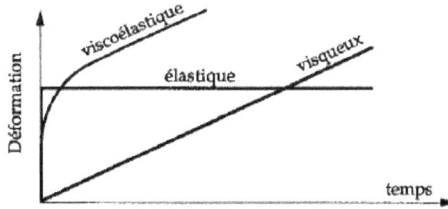

Figure I 25 : Réponses élastique, newtonienne et viscoélastique à une sollicitation de fluage [Oudet, 1994].

Sur la Figure I 25, on remarque que le corps viscoélastique a un comportement instantané proche de l'élasticité, et à la fin uniquement visqueux ; entre ces deux échelles de temps extrêmes il adopte un comportement intermédiaire. Pour caractériser la réponse viscoélastique sur des échelles de temps partielles, plusieurs types d'essais transitoires ou périodiques sont classiquement utilisés.

C.2. Méthodes usuelles de caractérisation du comportement viscoélastique

Dans le cas des sollicitations transitoires, les dispositifs d'analyse mécanique dynamique (DMA) sont les plus couramment utilisés. Selon les équipements, plusieurs types de chargements peuvent être appliqués : traction, compression, flexion simple, flexion 3 points, cisaillement. Le pilotage de l'essai se fait soit en fixant une force et en mesurant la déformation résultante, soit à l'inverse en déformation imposée en suivant l'évolution de la force. Quelque soit le type de pilotage choisi, il est important et nécessaire de travailler dans le domaine de linéarité du comportement viscoélastique (n'excédant pas les 10^{-3} ou 10^{-2}). Le déphasage, noté δ, observé entre sollicitation et réponse permet de caractériser le comportement viscoélastique du matériau étudié, comme le montre la Figure I 26 :

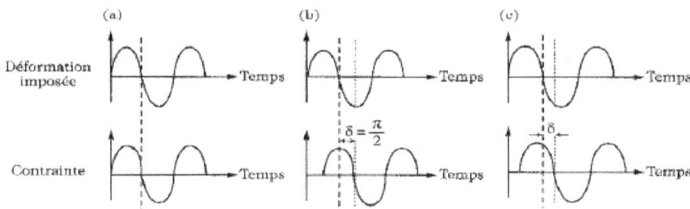

Figure I 26 : Contrainte liée à une déformation sinusoïdale imposée à : (a) un solide élastique; (b) un liquide newtonien; (c) un matériau viscoélastique. [Halary, Laupêtre, & Monnerie, 2008].

Ces essais permettent aussi de remonter aux valeurs de module de perte E' et module de conservation E'', cet aspect est plus longuement présenté au chapitre II, partie B.2.1.

Toujours dans ce cadre de sollicitations transitoires, deux autres types d'essais simples peuvent être réalisés ; il s'agit de la relaxation et du fluage.

Pour un essai de relaxation, l'échantillon est soumis à une déformation constante ε_0, et l'évolution de la contrainte $\sigma(t)$ est suivi au cours du temps. Sollicitation et réponse peuvent se schématiser de la façon suivante (tel que sur la Figure I 27), où le trait en pointillé représente la réponse qu'aurait un corps élastique :

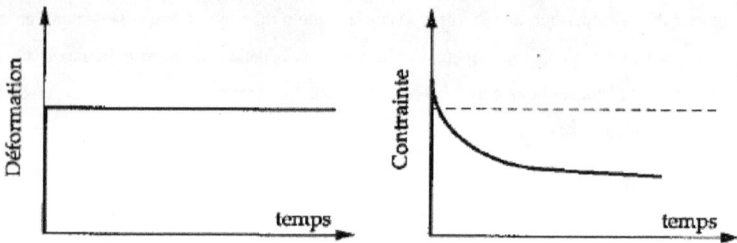

Figure I 27 : Système contrainte déformation dans le cas d'essai de relaxation d'un polymère [Oudet, 1994].

Le module de relaxation en fonction du temps est donné par la relation :

$$E(t) = \sigma(t) / \varepsilon_0$$

Lorsqu'il n'y a pas de déformation visqueuse irréversible, la valeur de $E(t)$ tend vers une constante $E(\infty)$ que l'on appelle le module relaxé.

De la même façon, une expérience de fluage consiste à soumettre un échantillon à une contrainte constante σ_0 durant un intervalle de temps approprié et à suivre, en fonction du temps, la déformation $\varepsilon(t)$ qui en résulte. La contrainte uni-axiale représente le cas le plus courant de l'essai de fluage que l'on peut schématiser comme sur la Figure I 28 :

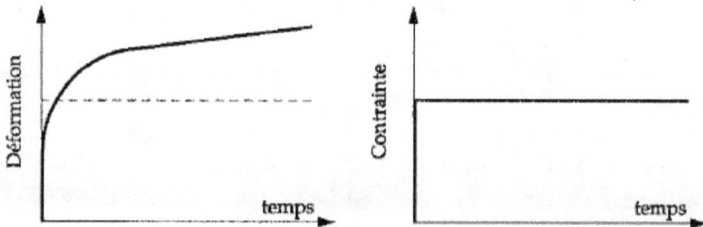

Figure I 28 : Système contrainte-déformation dans le cas de l'essai de fluage d'un polymère [Oudet, 1994].

33

Sachant que la contrainte σ_0 est constante, on peut calculer la complaisance de fluage D(t) qui est définie par la relation :

$$D(t) = \varepsilon(t)/\sigma_0$$

Que ce soit en fluage ou en relaxation, les temps caractéristiques d'observation sont typiquement situés entre 1s et 10^7 s : la limite aux temps courts est imposée par la durée de mise en sollicitation ; la limite aux temps longs ($10^7 \approx 4$ mois) dépend souvent en réalité de la patience du manipulateur et/ou du temps de disponibilité machine.

C.2.1. Cas de la viscoélasticité linéaire

Dans le cas de la viscoélasticité linéaire, lors d'un essai de fluage la déformation reste proportionnelle à la contrainte appliquée. La fonction complaisance noté $D = \varepsilon/\sigma$ n'est fonction que du temps. Dans ce cas précis du fluage linéaire sous faible contrainte, trois stades successifs sont observés.

Dans un premier temps, le fluage logarithmique qui concerne les temps courts, où la mobilité moléculaire est très localisée. La déformation est alors proportionnelle à un temps logarithmique, et peut s'écrire de la forme $\varepsilon \approx b \log t / \tau$. Une particularité de ce stade de fluage est que la recouvrance a la même cinétique que le fluage.

Dans un second temps, le fluage d'Andrade où la déformation est proportionnelle à $t^{1/3}$. Ce stade de fluage concerne des temps d'observation plus long que le fluage logarithmique. La déformation reste réversible, mais la cinétique de celle-ci est plus lente que la cinétique de fluage.

Le dernier stade du fluage linéaire est communément connu sous le nom de fluage KWW (Kohlrausch Williams et Watts), dans ce cas la déformation devient proportionnelle à t^n. Une déformation retardée non recouvrable à T<Tg existe dans ce cas. Ce dernier stade de fluage linéaire suppose une mobilité moléculaire sur l'ensemble de la chaîne, il ne se manifeste donc pas sur les matériaux réticulés.

Les différents stades de fluage étant donnés, nous nous intéressons maintenant au cas plus particulier du fluage des matériaux cellulaires et à leur domaine de linéarité.

C.2.2. Domaine de linéarité des matériaux cellulaires

Des études [Huang & Gibson, 1991] visant à modéliser le comportement en fluage de mousses polymères ont mis en avant le caractère linéaire ou non, selon le matériau constitutif de la mousse. Sur les mousses rigides polyuréthanes, des études de fluage en cisaillement ont montré que, pour des contraintes allant jusqu'à la moitié de la limite d'élasticité de cisaillement, le fluage est linéaire. C'est ce que montrent les Figure I 29 et Figure I 30:

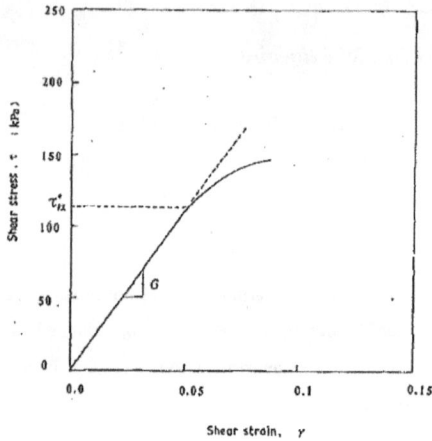

Figure I 29 : Courbe typique de contrainte déformation d'un essai de cisaillement sur une mousse polyuréthane rigide, à température ambiante (densité : 32 kg/m^{-3}) [Huang & Gibson, 1991].

Pour chaque densité de mousse, 4 niveaux de charges ont été testés. Ces niveaux ont été déterminés à partir de la courbe de contrainte déformation obtenue pour chaque densité de mousse testée, et fixés à respectivement, 10 %, 20 %, 30 %, et 40 % de la limite d'élasticité. Cette limite d'élasticité est noté τ^* sur la Figure I 29, et vaut 113 kPa, dans le cas d'une densité de 32 kg/m^3. Un échantillon sera testé par densité et niveau de charge, les essais de fluages sont menés pendant 1200 heures. Tous les essais sont réalisés à température ambiante : 23°C et à taux d'humidité relative de 22 ± 2 %. Les résultats expérimentaux obtenus sont présentés Figure I 30 :

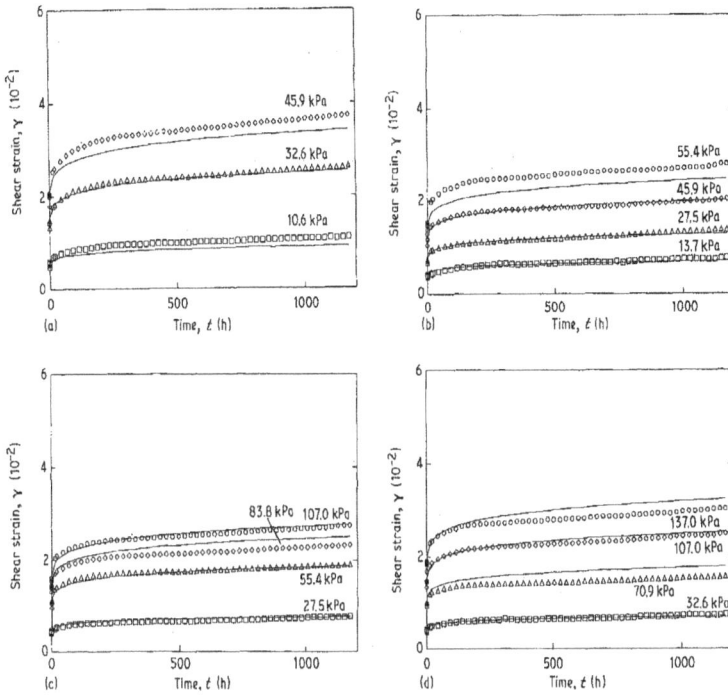

Figure I 30 : courbes des déformations de fluage, tracées en fonction du temps pour 4 densités de mousses, (a)32, (b) 48, (c) 64, et (d) 96 kg.m⁻3 [Huang & Gibson, 1991].

Ces courbes ont ensuite été transposées en échelle logarithmique, afin de déterminer si le fluage présent était d'ordre logarithmique, premier stade du fluage linéaire, c'est ce que l'on peut observer Figure I 31 :

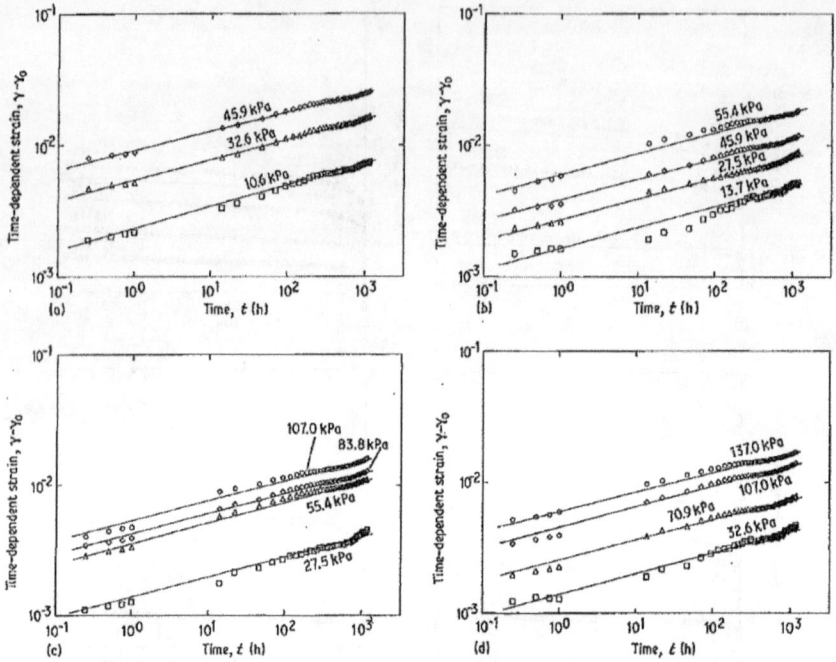

Figure I 31 : Courbes double logarithmique de la déformation de fluage en cisaillement en fonction du temps, (a) 32, (b) 48, (c) 64, et (d) 96 kg.m⁻³. Les données en trait plein indiquent une loi de dépendance de la déformation de fluage au temps [Huang & Gibson, 1991].

Il en ressort que quelque soit la densité de mousse testée, les résultats suggèrent que lorsque le niveau de contrainte appliquée est inférieur à la moitié de la limite d'élasticité de la mousse, alors la mousse polyuréthane rigide a un comportement viscoélastique linéaire même à temps relativement long. La densité va uniquement influencer la valeur de limite élastique, et donc les valeurs de niveaux de contraintes maximales applicables pour rester dans le domaine linéaire.

D'autres équipes [Kraatz, Moneke, & Kolupaev, 2006], et [Yourd, 1996] se sont intéressées à la comparaison du comportement en fluage d'un polyuréthane massif et de ce même polyuréthane sous forme de mousses. Il a été constaté que pour des niveaux de contraintes allant jusqu'au deux tiers de la limite élastique, la déformation due au fluage de la mousse peut être ramenée à la déformation de fluage du matériau massif en multipliant celle-ci par le rapport des raideurs initiales du solide et de la mousse. Ce qui laisse suggérer que dans ce domaine de sollicitation, les outils habituellement mis en œuvre pour traiter le fluage de mousse polymère massif, et notamment le PU, pourraient être transposés aux matériaux cellulaires associés.

De plus, le caractère linéaire ou non linéaire de la viscoélasticité des mousses dépend non seulement du niveau de contrainte mais aussi des températures de sollicitations. En effet, pour de faibles contraintes comparativement à la limite d'élasticité du matériau testé, et pour des températures d'essai inférieures à la température de transition vitreuse, les mousses rigides, polyuréthanes et polystyrène notamment, sont viscoélastiques linéaires, alors que pour de plus hautes contraintes et de plus hautes températures, le comportement de ces matériaux devient viscoélastique non linéaire [Kraatz, Moneke, & Kolupaev, 2006]. Ainsi, il semble que les outils de formalisation du comportement viscoélastique, tel que le principe d'équivalence temps-température seront plus ou moins recevables selon le domaine de sollicitation, en contrainte et en température, du matériau cellulaire.

C.2.3. Influence de l'élaboration

De la même façon que pour le comportement mécanique en compression monotone, il existe différentes relations structures propriétés sur le comportement en fluage. Une étude sur le comportement en fluage de mousses polyuréthanes rigides, à 23 °C et 50 % d'humidité relative, a montré que la réponse en déformation était par exemple influencée par la nature de l'agent gonflant entrant dans la composition initiale du mélange pour obtenir la mousse [Yourd, 1996]. Le comportement des mousses au fluage est comparable. Cependant, pour des niveaux de charges équivalents les mousses expansées au CFC 11 (trichlorofluorométhane, également appelé fréon 11, est un chlorofluorocarbure : CFC) montrent une meilleure résistance à la compression que celles expansées au HCFC 141b (1,1-dichloro-1-fluoroethane de la famille des hydrochlorofluorocarbure : HCFC), comme constaté **Figure I 32** :

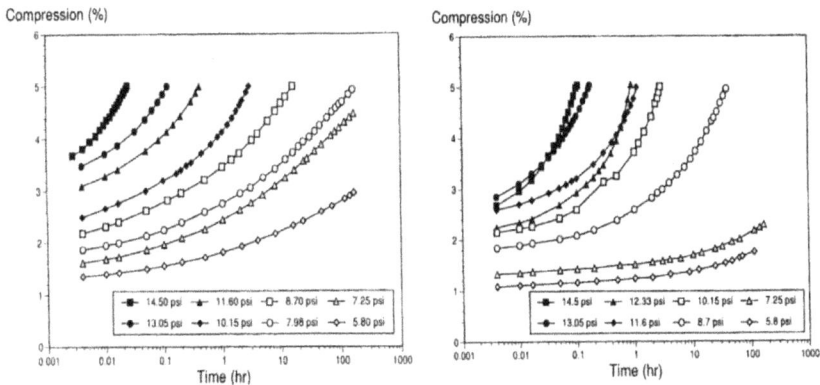

Figure I 32 : Courbes de fluage en compression pour les mousses expansées au HCFC 141b à gauche, et au CFC 11 à droite [Yourd, 1996].

Afin de comparer plus facilement le comportement de ces deux mousses, la courbe du temps nécessaire pour atteindre 5 % de déformation de compression est tracée en fonction de la charge, et ce pour les deux types de mousses. C'est ce que l'on peut voir Figure I 33 :

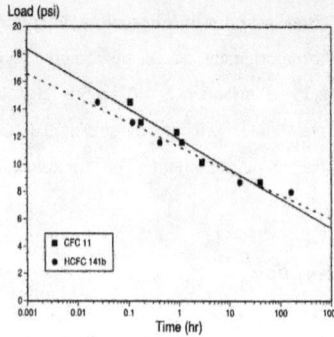

Figure I 33 : à 5 % de compression, comparatif mousses expansées CFC et HCFC [Yourd, 1996].

Des meilleures performances en fluage se traduisent graphiquement par le fait d'avoir une courbe largement supérieure à l'autre. Or, sur la Figure I 33, les mousses semblent équivalentes, hormis le fait que la mousse expansée au CFC 11 montre une limite d'élasticité plus importante que celle de la mousse HCFC 141b.

Le but de ces travaux était ensuite de modéliser et prévoir le comportement long terme de ces matériaux par une loi de comportement reconnu pour le fluage des polymères et des mousses thermoplastiques, à savoir le fluage logarithmique :

$$\varepsilon = \varepsilon_0 + a_0 t^n \sigma^m \exp (-Q/RT)$$

avec :

ε : la déformation totale ou mesurée

ε_0 : la déformation élastique

σ : la contrainte appliquée

t : le temps

Q : l'énergie d'activation

R : la constante du gaz

T : la température absolue

39

Les paramètres a_0, n et m sont des constantes du matériau, et sont donnés Figure I 34. A température constante cette équation peut être simplifiée de la façon suivante :

$$\varepsilon = \varepsilon_0 + mt^n$$

Table 3. Parameters from the model $\varepsilon = \varepsilon_0 + mt^n$.

Blowing Agent	Load (psi)	ε_0 (10^{-2})	m ($10^{-3} h^{1/n}$)	n	n(Ave)
CFC 11	5.80	1.04	2.1	0.245	0.249
	7.25	1.27	2.5	0.253	
HCFC 141b	5.80	1.10	7.2	0.189	0.193
	7.25	1.15	13.0	0.190	
	7.98	1.30	14.1	0.186	
	8.70	1.60	18.9	0.208	

Figure I 34 : Valeurs des constantes pour la loi de comportement selon l'agent d'expansion de la mousse [Yourd, 1996].

Pour des niveaux de charges allant jusqu'à 45% de la limite élastique, les simulations traduisent bien les résultats expérimentaux, comme le montre la Figure I 35. Une loi logarithmique est applicable sur ce type de matériau. Pour des charges plus importantes, ce n'est plus le cas car d'autres mécanismes de déformation entrent en jeu.

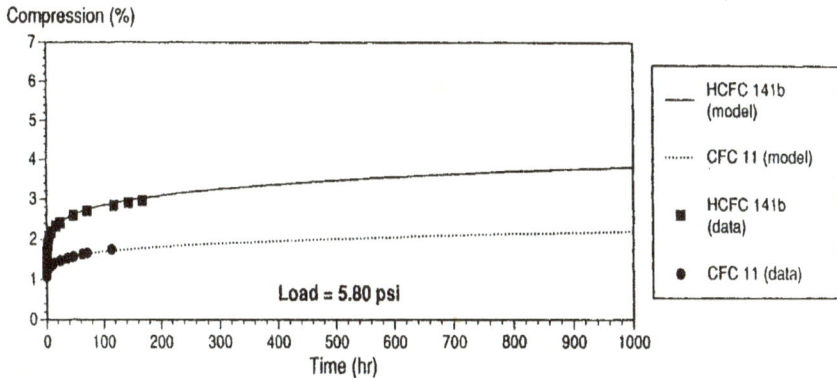

Figure I 35 : Courbes de fluage pour mousses PU avec différents agents d'expansion. Résultats expérimentaux et modélisation [Yourd, 1996].

Ces résultats permettent de conclure sur le fait que le comportement en fluage est donc tout comme celui en compression monotone intimement lié à la structure de la mousse et donc à sa composition. Des résultats similaires ont étés trouvés sur des polystyrènes expansés [Gnip, Vaitkus, Kersulis, & Vejelis, 2011].

C.3. Principe d'équivalence entre les effets du temps (ou de la fréquence) et de la température

C.3.1. Définition et formulation du principe d'équivalence

Il est désormais connu que la réponse viscoélastique d'un polymère dépend à la fois de la durée écoulée entre l'application de la sollicitation et l'observation de son effet, et de la température à laquelle l'essai mécanique est réalisé. Il a été observé que le comportement à une température élevée pour des temps d'observations courts équivaut au comportement à une température plus basse avec des temps d'observations plus longs. Ce principe, qui est aussi bien valable pour des essais à contraintes imposées qu'à des déformations imposées, est aussi applicable pour des essais d'analyse mécanique dynamique puisque la fréquence de sollicitation (f=$\omega/2\pi$) est homogène à l'inverse d'un temps [Halary, Laupêtre, & Monnerie, 2008]. Ce principe d'équivalence concerne n'importe quel descripteur du comportement viscoélastique. Ces descripteurs seront notés D(t). Pour ces données D collectées au bout d'un temps t à deux températures T_j et T_0 (T_0 étant choisie arbitrairement comme température de référence), le principe d'équivalence temps – température se résume au premier ordre par la formule suivante :

$$D\ (T_j,\ t) = D\ (T_0, aT_j/T_0 t)$$

Où $a_{Tj/T0}$ est un facteur de glissement. Les mesures pouvant porter sur des gammes de temps d'observation (ou de fréquences de sollicitation) très larges, le plus souvent la relation utilisée est la suivante :

$$D\ (T_j,\ \log t) = D\ [\ T_0, \log t + \log\ (a_{Tj/T0})]$$

C.3.2. Construction de courbes maîtresses

Ce principe d'équivalence évoqué ci-dessus peut être traduit graphiquement par la construction de courbes maîtresses. Ces courbes maîtresses sont obtenues par translations horizontales des courbes obtenues aux différentes températures T_j pour les superposer aux courbes obtenues à la température T_0 choisie comme référence. Ces translations horizontales associées aux facteurs de glissement vus précédemment permettent l'obtention de courbes maîtresses comme sur Figure I 36.

Le degré d'élargissement des courbes maitresses est indépendant du choix de la température de référence, il n'est fonction que de l'étendue de la plage de température de mesure.

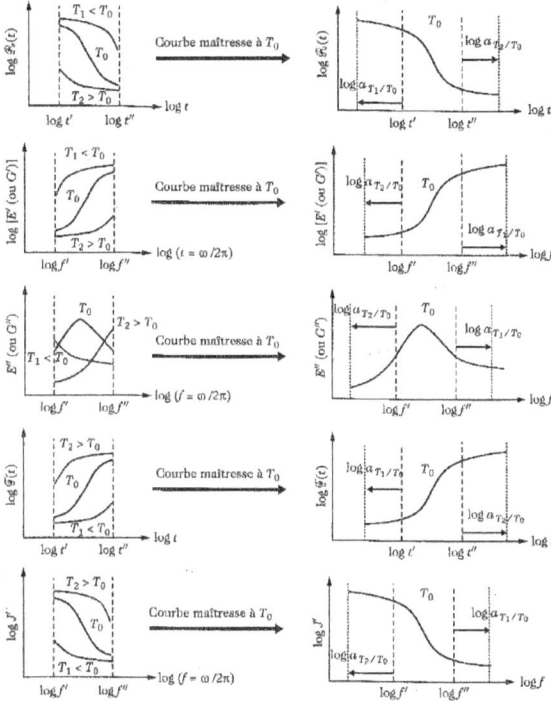

Figure I 36 : Exemple d'obtention de courbes maîtresses, obtenues à partir d'essais en DMA [Halary, Laupêtre, & Monnerie, 2008].

Cependant avant de construire ces courbes maîtresses, il est nécessaire de s'assurer que plusieurs conditions soient réunies :

- Le matériau doit être stable structurellement sur la plage de température étudiée.

- Un seul type de processus viscoélastique doit intervenir sur les plages de températures examinées. Par exemple, en DMA, si deux types de mécanismes moléculaires se chevauchent, à la fréquence considérée, sur une même plage de température, une courbe maîtresse ne pourra pas être construite car les deux types de mouvements ne conduiront pas aux mêmes facteurs de glissement.

Sur ce sujet, [Deverge, Benyahia, & Sahraoui, 2009], ont étudié les propriétés viscoélastiques d'une mousse polyuréthane à cellule ouverte, en se basant sur ce principe d'équivalence temps-température communément utilisé pour les polymères massifs. Le but étant de déterminer l'influence de la taille des cellules sur ces propriétés. Plusieurs mousses de même densité mais de diamètres de cellules différents (diamètres : S20 : 1.6 mm, S30 : 1.01 mm, S60 : 0.5 mm, S90 : 0.32 mm) ont été testées. Les échantillons testés en cisaillement en DMA, sont des cylindres de 45 mm de diamètre et 10 mm de hauteur. La gamme de température de l'essai est comprise entre -25°C et 20°C, en sachant que la Tg de cette mousse est déterminée à -25°C, le principe est donc appliqué dans le domaine de Tg. Le balayage en fréquence est compris sur une gamme allant de 0.016 à 16 Hz, et la température de référence est fixée à 20 °C. Les résultats obtenus sont les suivants :

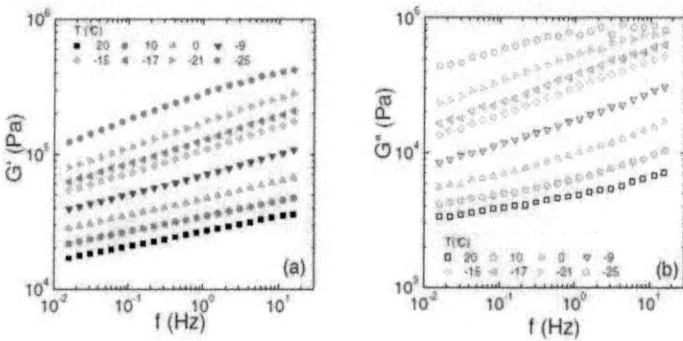

Figure I 37 : Courbes de G' et G'' à différentes températures, selon la fréquence de sollicitation, sur mousse polyuréthane à cellules ouvertes, pour un diamètre de cellule de 1.6 mm [Deverge, Benyahia, & Sahraoui, 2009].

On remarque la dépendance du module à la fréquence, qu'il soit élastique (G') ou visqueux (G''). Entre 10^{-2} et 20Hz, les modules ont été augmentés d'un facteur 5 environ. A partir de ces courbes qui sont obtenues pour chaque diamètre moyen de cellules, des courbes maîtresses ont pu être tracées en multipliant la fréquence par le facteur de glissement a_T, et le module par le facteur b_T. Où b_T représente l'évolution de la masse due à la température. Les résultats sont les suivants :

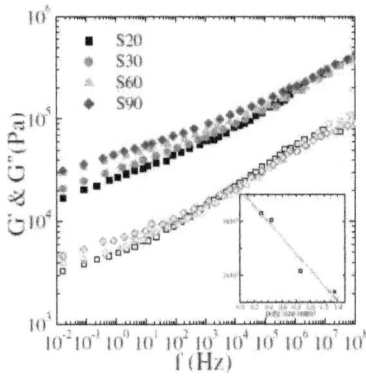

Figure I 38 : Courbes maîtresses pour les différentes mousses testées. G' en symboles pleins, G'' en symboles vides, à la température de référence : 20 °C. La courbe rouge représente l'évolution du module de cisaillement G' en fonction de la taille de pore [Deverge, Benyahia, & Sahraoui, 2009].

Toutes les mousses semblent présenter une dépendance similaire à la fréquence, et plus particulièrement à haute fréquence ou les modules sont identiques et indépendant de la taille de pore. D'après les auteurs, à ces fréquences il n'y a pas d'effets de la microstructure (tailles de pores variables pour les différentes mousses), seule la réponse du polymère constitutif des parois joue. Aux basses fréquences, une plus forte dépendance de la taille des cellules est observée, c'est ce qui est tracé Figure I 38, dans l'insert en bas à droite.

Cette étude semble justifier l'utilisation du principe d'équivalence temps-température, sur des matériaux cellulaires.

D. Synthèse et problématique de la thèse

Cette étude préliminaire a mis en avant que certes il existait des travaux sur la mécaniques des matériaux cellulaires, mais que ces derniers étaient plus présent dans le domaine des mousses métalliques que dans les mousses polymères.

La spécificité de notre étude réside dans la complexité du domaine d'application, à savoir l'étude du comportement de mousses polyuréthane en fluage sous faibles contraintes et à basse température. Les recherches effectuées dans ce chapitre nous montre qu'il est possible de trouver des informations sur différents de ces points, à savoir, comportement mécanique d'une mousse, comportement en fluage, influence de la température, mais souvent séparément. Cependant certaines informations importantes sont à retenir.

44

Tout d'abord, les propriétés mécaniques des matériaux cellulaires sont fortement liées à la structure cellulaire, il est donc nécessaire de connaître précisément les caractéristiques morphologiques du matériau. Ces dernières conditionnent en grande partie les réponses mécaniques.

De plus, en ce qui concerne le caractère viscoélastique des matériaux cellulaires, il a été montré que dans le cas du fluage, lorsque la contrainte appliquée ne dépasse pas 50 % de la valeur de la limite élastique, un comportement viscoélastique linéaire était observé. Cette information permet de justifier l'utilisation de certains outils de formalisation du comportement viscoélastique tel que le principe d'équivalence temps-température.

Le but du travail ici présenté va donc être, dans un premier temps, d'apporter une meilleure compréhension de la caractérisation macroscopique et des mécanismes du comportement des mousses polyuréthanes à basses températures.

Ensuite, nous nous intéresserons à la faisabilité d'une méthode de prédiction du comportement long terme en fluage des mousses polyuréthanes à basse température. Le cadre de l'étude se basant sur de très faibles niveaux de contraintes, nous nous intéresserons plus particulièrement au principe d'équivalence temps-température.

Chapitre II : Techniques expérimentales et caractérisation du matériau de l'étude.

L'objectif de ce chapitre est de présenter l'ensemble des techniques, paramètres et instrumentations utilisés tout au long de l'étude, ainsi que les principales caractéristiques structurales des matériaux de l'étude. Les techniques de caractérisation de la microstructure seront décrites dans un premier temps, suivi des caractéristiques microstructurales des mousses polyuréthanes. Ensuite l'aspect mécanique sera abordé, avec dans un premier temps la façon d'obtenir des échantillons, et ensuite les moyens d'essais mécaniques et leurs instrumentations spécifiques qui permettront d'obtenir les caractéristiques souhaitées.

A. Aspects microstructuraux

A.1. Techniques de caractérisation microstructurale

A.1.1. Microscopie Electronique à Balayage

Dans cette étude, un microscope électronique à balayage de table HITACHI TM1000 a été utilisé pour la caractérisation de la microstructure des mousses, à savoir : diamètre des cellules, taille des fibres et faisceaux du mat de verre dans le cas des mousses renforcées. L'avantage de ce microscope de table est de travailler sous vide partiel ($5x10^{-2}$ Pa) ; de ce fait les échantillons ne doivent pas nécessairement subir de métallisation préalable. La tension d'accélération du faisceau utilisée est de 15 keV. La hauteur maximum d'un échantillon ne doit pas dépasser 20 mm. Ce microscope permet une gamme de grandissement de x20 à x10000, ce qui permettra de faire une cartographie large de la morphologie des mousses étudiées, mais aussi d'avoir une idée plus précise de la représentation d'une cellule.

A.1.2. Tomographie RX

La tomographie consiste à restituer un objet à partir de "coupes" : mesures extérieures de cet objet. Un dispositif de tomographie est composé de trois parties essentielles : une source de rayons X caractérisée par sa plage d'énergie et sa cohérence, un système d'acquisition composé généralement d'un détecteur radioscopique à écran fluorescent et d'une caméra CCD (Charge Coupled Device) et enfin d'une plate forme de rotation sur laquelle est fixé, soit l'objet à passer en tomographie, soit l'ensemble source détecteur.

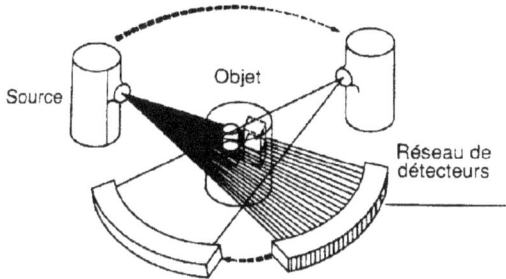

Figure II 1: Schéma de fonctionnement de la tomographie RX.

Il existe trois modes d'acquisition :

- la tomographie en mode absorption, où le détecteur est le plus proche possible de l'échantillon, qui permet de reconstruire la distribution 3D du coefficient d'atténuation dans le matériau.
- la tomographie en mode contraste de phase où le détecteur est à quelques cm de l'échantillon, tire profit de la différence d'indice de réfraction des différentes phases du matériau.
- l'holotomographie qui cartographie la densité d'électrons et donc la densité de masse dans le matériau.

Chaque image acquise est une projection plane de la microstructure. La reconstitution du volume se fait à partir de radiographies de l'échantillon obtenues successivement en le faisant tourner de 0 à 180°.

Le tomographe qui a servi à notre étude, est un tomographe SKYSCAN 1174, au laboratoire ONIRIS à Nantes.

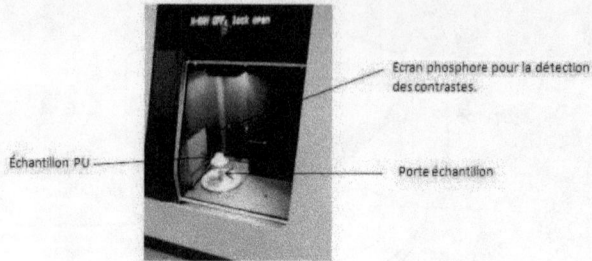

Figure II 2: Micro tomographe RX, sur échantillon de mousse PU. (ONIRIS Nantes)

L'utilisation de ce micro-tomographe se fait en mode contraste de phase, avec un faisceau d'une puissance de 50kV et 800µA. La caméra CCD se situe derrière l'écran phosphore, cette caméra est à une distance de 266,50mm de la source, et l'échantillon se situe quand à lui à une distance de 226,60 mm de la source. Fonctionnant en mode contraste de phase, sur l'écran phosphore, la couleur noire correspond à une totale absorption, et le blanc à du vide. L'image qui est obtenue est une image en niveaux de gris. Ces niveaux de gris définiront un coefficient d'absorption de l'échantillon. Les images obtenues ont les dimensions suivantes : 1304 x 1024 pixels, avec : 1 pixel = 11,64µm.

Les paramètres utilisés sont les suivants :

- temps d'exposition par position : 1500 ms
- 4 images par position, pour obtenir un contraste moyen par position, ce qui permet de limiter le bruit
- pas de rotation : 0,7°

Les images ainsi obtenues peuvent être visualisées via le logiciel associé sous les trois plans de coupe, comme ci dessous.

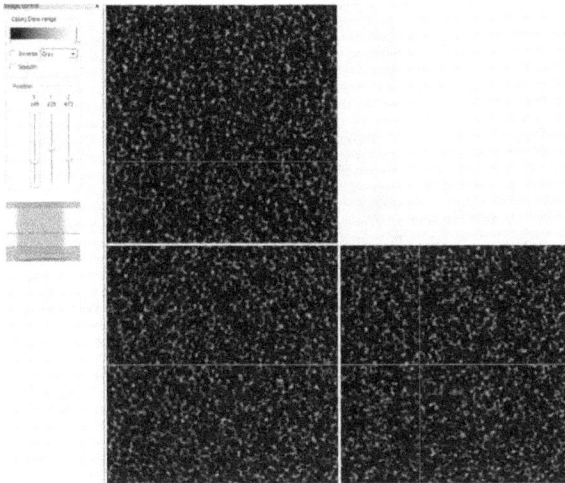

Figure II 3: Visualisation des images obtenues pour un échantillon selon les trois directions de coupe.

Ces images serviront à la reconstruction en 3D, qui permet la visualisation de la structure réelle des échantillons.

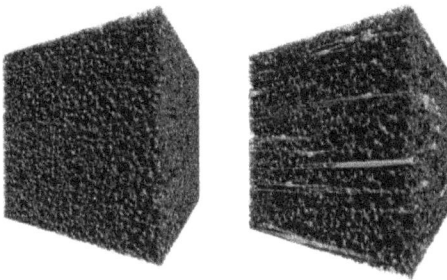

Figure II 4 : Exemple de reconstitution 3D sur une mousse PU non fibrée et une mousse R-PUF renforcée fibre de verre.

Des images peuvent aussi être faites avec différents contrastes en ce qui concerne les mousses polyuréthanes renforcées fibres de verre ; cela permet de mieux visualiser les fibres et leurs différentes orientations et répartitions, dans la limite de la taille de l'échantillon observé.

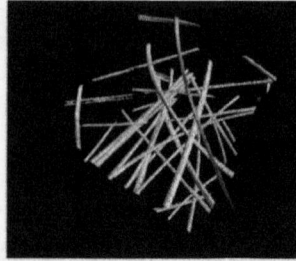

Figure II 5: Exemple de reconstitution 3D de la répartition des fibres de verre dans un échantillon RPUF.

A.1.3. Mesure de densité

Les mesures de densités seront effectuées selon deux procédures, soit par la mesure dite « géométrique » pour les échantillons les plus volumineux, soit par la mesure basée sur le principe d'Archimède.

¤ ***Mesure géométrique***

Dans ce cas, les échantillons sont mesurés au pied à coulisse électronique (MITUTOYO précision 0,02 mm sur 100mm), afin de déterminer le volume échantillon : $V_{éch}$, puis l'échantillon est pesé au moyen d'une balance hydrostatique SARTORIUS LA230S pour obtenir sa masse : $M_{éch}$. La précision de mesure de cette balance pour un échantillon allant jusqu'à 250 g est donnée par l'équation suivante :

$$Précision = 1.10^{-6} * Valeur\ pesée + 2,69.10^{-4} + 0.0001$$

On peut alors déterminer la densité de l'échantillon au moyen de l'équation (1):

$$D_{éch} = \frac{\rho_{éc}}{\rho_{eau}} = \frac{M_{éc}/V_{éc}}{\rho_{eau}}$$

(1)

avec :

- ρ_{eau} *: masse volumique de l'eau*
- $\rho_{éch}$ *: masse volumique de l'échantillon*
- $D_{éch}$ *: densité de l'échantillon*

53

¤ *Mesure par le principe d'Archimède*

Dans ce cas, le principe de la mesure est basé sur la poussée d'Archimède, à savoir que tout solide immergé subit une force de poussée d'intensité égale au poids de fluide déplacé par le volume du solide. Pour cette mesure, le solide est donc d'abord pesé dans l'air, puis dans un autre fluide, qui est dans notre cas de l'eau. La densité peut alors être calculée grâce à l'équation (2)

$$D_{\acute{e}ch} = D_{air} + \frac{M_a * D_{eau}}{A * (M_a - M_e)}$$

(2)

avec :

- *D : densité de l'échantillon*
- *M_a : masse du solide dans l'air*
- *M_e : masse du solide dans l'eau*
- *D_{air} : densité de l'air*
- *D_{eau} : densité de l'eau*
- *A : facteur correctif prenant en compte la poussée d'Archimède exercée sur le montage.*

Le dispositif expérimental utilisé est une balance de Mohr hydrostatique SARTORIUS LA230S (voir Figure II 6), avec une précision de mesure à 10^{-5} grammes près. Le dispositif est composée d'un bécher rempli d'eau déminéralisée, reposant sur un trépied, et d'un système support / nacelle qui repose sur la balance.

Figure II 6: Dispositif expérimental pour la mesure de densité.

L'échantillon est placé sur le plateau supérieur du module suspendu pour mesurer la masse M_a du solide dans l'air, ensuite, dans ou sous la nacelle, selon qu'il flotte ou non, (dans notre cas sous la nacelle), pour la mesure de M_e de la masse du solide dans l'air.

A.2. Caractéristiques microstructurales des mousses polyuréthanes

A.2.1. Obtention d'échantillons

Les panneaux de mousse sont issus d'une production continue de mousse en bloc. Dans cette méthode, le mélange réactionnel est déposé sur un convoyeur par une machine de moussage et une tête de mélange mobile.

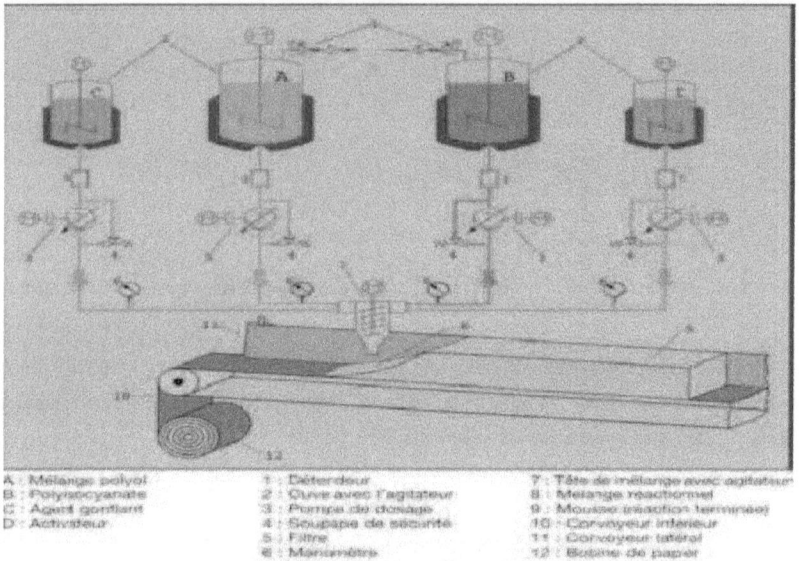

A : Mélange polyol	1 : Déterdeur	7 : Tête de mélange avec agitateur
B : Polyisocyanate	2 : Cuve avec l'agitateur	8 : Mélange réactionnel
C : Agent gonflant	3 : Pompe de dosage	9 : Mousse (réaction terminée)
D : Activateur	4 : Soupape de sécurité	10 : Convoyeur inferieur
	5 : Filtre	11 : Convoyeur latéral
	6 : Manomètre	12 : Bobine de papier

Figure II 7: Schématisation d'une ligne de production en bloc de mousse (MAROTEL)

Dans notre cas, les produits finaux sont des panneaux de mousses de 80 cm de hauteur (sens Z), 1m de largeur (sens X) et de longueur variable (sens Y) selon le besoin. La majorité des échantillons font 50 mm d'épaisseur. Ils sont alors prélevés dans le centre des panneaux, en enlevant 15 cm en haut et bas des panneaux. Dans cette zone la mousse est alors coupée en tranches de l'épaisseur souhaitée pour les échantillons, c'est-à-dire comprise entre 6 et 50 mm.

A.2.2. Choix d'une géométrie d'éprouvette

Pour les différents essais mécaniques sur matériaux cellulaires polymères, notamment en compression, deux géométries sont principalement utilisées dans la littérature :

- la géométrie cubique [Widdle]
- la géométrie cylindrique [Saint-Michel, Rodriguez-Perez 1,2]

La géométrie cylindrique est souvent choisie dans le cas des analyses en DMA pour limiter les effets de bords qui sont plus importants sur les éprouvettes de petites dimensions. Les éprouvettes ont généralement une hauteur deux fois plus importante que le diamètre, pour éviter le flambement.

Actuellement au CRITT, les essais de qualification de mousses polyuréthanes en compression se font sur des échantillons cubiques, en suivant la norme ASTM 1621. Une des étapes de cette étude portant sur l'influence de la taille de l'échantillon sur les propriétés mécaniques, fait appel aux deux techniques expérimentales présentées ultérieurement, à savoir essais monotones et caractérisations DMA. Nous avons donc choisi de faire tout ces essais sur une seule géométrie. Ceci afin de limiter les paramètres pouvant influer sur les propriétés mécaniques. Cette géométrie est la cubique, les techniques d'essais au sein du CRITT ayant été développées sur ce type d'échantillons.

Ainsi, les échantillons dit « macro », testés sur les équipements de compression monotone et de fluage seront des cubes d'arêtes respectives : 10, 20, 30, 40 et 50 mm. Et les échantillons « micro », testés en DMA, seront des éprouvettes cubiques de 6 mm d'arêtes.

A.2.3. Structures cellulaires

¤ Cas des mousses non renforcées

Les informations sur la structure des mousses étudiées, particulièrement sur le type de cellule, leur diamètre moyen, l'éventuelle dispersion de taille, l'anisotropie sont obtenues par microscopie électronique à balayage. Et les résultats sont complétés par les informations données par les analyses tomographiques.

Ainsi sur les mousses non renforcées, on obtient les résultats suivant :

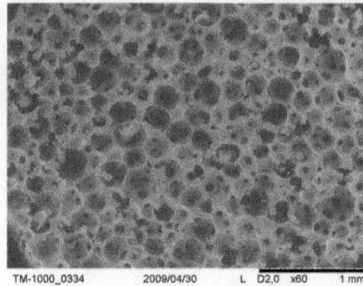

Figure II 8: Cliché MEB d'une mousse polyuéthane non renforcée.

Les cellules des mousses non renforcées sont sphériques et fermées. Nous supposons que ce qui apparait comme des taches circulaires plus sombre sont en fait des parois plus fines dues à la percolation des cellules. Des observations ont été faites dans les trois directions. On remarque ainsi une légère anisotropie des cellules, directement liée au processus de fabrication. La mousse étant obtenue par expansion dans la direction Z, sur un convoyeur dans la direction Y, on observe des cellules plus « ovales » sur les faces X et Y que sur la face Z où les cellules paraissent parfaitement rondes (voir Figure II 9).

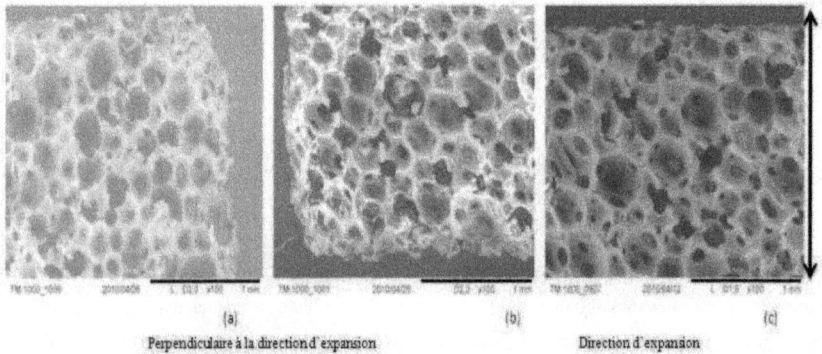

Perpendiculaire à la direction d'expansion   Direction d'expansion

Figure II 9: Clichés MEB sur mousses PU, selon les directions d'observations.

Les images obtenues par tomographie permettent de compléter ces résultats, notamment sur l'anisotropie éventuelle et sur la dispersion de tailles des cellules, comme le montre le cliché suivant :

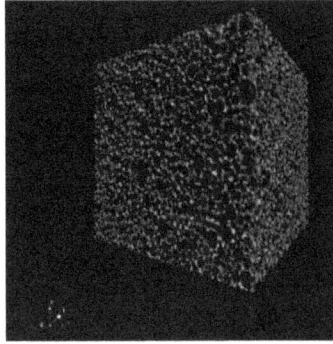

Figure II 10: Observation sur mousse PU en tomographie.

Ces résultats semblent montrer que les cellules sont légèrement plus allongées dans la direction Z, qui correspond à la direction d'expansion. En ce qui concerne les tailles de cellules, seules les images obtenues par MEB ont été quantifiées. Les résultats montrent un diamètre moyen de 350µm $\pm$ 40µm sur la face Z , et sur les deux autres faces un diamètre moyen de 380 µm $\pm$ 60 µm. Les mesures ont été faites sur une dizaine d'échantillons, sur les trois faces, avec 50 points de mesure par face. Les épaisseurs de parois ne peuvent par contre pas être quantifiées par cette méthode. Avec cette technique il semblerait que la taille des cellules soit à peu près homogène, alors que d'après les images de tomographie, il semblerait qu'il y ait plus d'hétérogénéités dans la taille des cellules comme le montre la Figure II 10. Les échantillons qui ont été testés par ses deux moyens expérimentaux sont des cubes de 6 mm, et ont été préparés et découpés de la même façon. Les différences ne proviennent donc pas d'un effet de découpe. Une hypothèse vient du fait que lors des analyses MEB, seules les cellules en surface sont observées, alors que dans le cas de la tomographie nous avons accès à la totalité du volume de l'échantillon.

¤ *Cas des mousses renforcées par un mat de verre*

Dans un premier temps, nous allons caractériser les fibres constituant le mat de verre et le mat de verre lui-même, afin de mieux appréhender la dispersion de ces renforts dans la mousse. Les clichés suivants permettent d'appréhender l'organisation du mat de verre en faisceaux de fibres dans deux directions : X et Y, en effet le mat de verre étant déposé sur le convoyeur, les faisceaux de fibres sont donc orientés sur les axes X et Y avec un angle de $\pm$ 45°C (Figure II 11).

TM-1000_0100   2009/01/23 12:01   D2,0   1 mm

Figure II 11: Cliché MEB du mat de verre, organisation des faisceaux de fibres.

Ce cliché permet de voir l'enchevêtrement des faisceaux de fibres. Sur les clichés suivant nous nous intéresserons plus particulièrement aux faisceaux de fibres pour caractériser leurs tailles moyennes ainsi que le diamètre des fibres les constituant. Le diamètre moyen pour une fibre unitaire est de 18µm ± 5µm. De la même manière, nous avons pu identifier une taille de faisceaux moyenne d'environ 450µm ± 50µm. La mesure étant en deux dimensions, il n'est pas possible de quantifier exactement le nombre de fibres constituant un faisceau. De la même façon, des clichés sur mousses renforcées ont été réalisés (voir Figure II 12).

TM-1000_0024   2009/01/09 15:10 L   1 mm   TM-1000_0023   2009/01/09 15:05 L   500 um   TM-1000_0026   2009/01/09 15:14 L   100 um

Figure II 12: Clichés MEB à différentes échelles d'une face de mousse R-PUF avec visualisation de fibres de verres.

Ces clichés permettent d'observer que lors du phénomène d'expansion de la mousse, les fibres unitaires ne se séparent pas mais restent en faisceaux, qui eux-mêmes sont dispersés entre les cellules. La taille des échantillons observés étant minime (cube de 6mm d'arêtes), la dispersion de ces fibres dépend fortement de la zone de prélèvement des échantillons. Les échantillons observés ici présentent une densité de fibres supérieure à la moyenne car ils ont été prélevés dans une zone où la présence des fibres était visible à l'œil nu. Les observations tomographiques permettent une fois de plus de compléter ces résultats.

Sur la Figure II 13 une cartographie d'un échantillon de mousse renforcée est présentée :

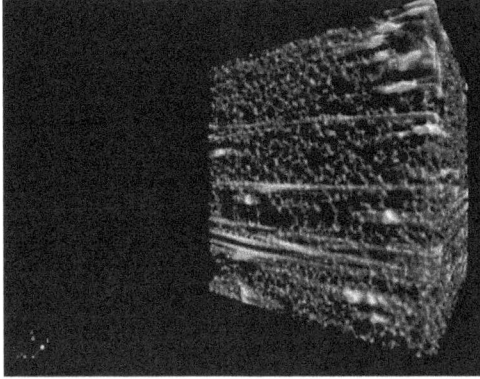

Figure II 13: Image 3D issue de la tomographie d'un cube de mousse PU renforcée.

Le choix du contraste pour visualiser les cellules ne permet pas clairement ici d'identifier l'orientation et la dispersion des fibres. Seules les traces des faisceaux de fibres sont visibles, par contre ce cliché met en avant la grande dispersion de la taille des cellules dans les mousses renforcées. Il semblerait qu'aux abords des faisceaux de fibres, les cellules soient beaucoup plus grandes et plus percolantes.

A.2.4. Densité et densité apparente

En présence de matériaux alvéolaires, la densité est régulièrement donnée sous forme de densité relative. Cette dernière correspond à la densité du matériau alvéolaire sur la densité de référence du matériau constitutif (voir équation (3)), et est noté ρ^*.

$$\rho^* = \frac{\rho}{\rho_S}$$

(3)

Dans le cas des mousses polyuréthanes, la densité solide de référence est : 1150 kg/m^3 [Gibson et Ashby, 1998]. Par la suite, nous donnerons donc ces deux valeurs, à savoir densité et densité relative, pour les mesures par la méthode « géométrique » et par la méthode de la poussée d'Archimède.

◻ *Cas des mousses non renforcées*

En ce qui concerne la méthode géométrique, une dizaine de mesures ont été effectué, sur des tailles d'échantillons différentes, une quinzaine de mesures ont été enregistrées pour la méthode de la poussée d'Archimède. Les résultats sont présentés dans le tableau ci-dessous :

	méthode "géométrique"			méthode "Archimède"	
	densité	densité relative		densité	densité relative
arête = 20mm	116,8	0,1016		113,3	0,0985
	117,7	0,1023		116,1	0,1001
	117,9	0,1025		121,5	0,1057
arête = 30mm	115,4	0,1003		120,4	0,1047
	113,3	0,0985		123,1	0,1070
	113,4	0,0986		120,9	0,1051
arête = 40mm	110,3	0,0959		116,3	0,1011
	113,4	0,0986		119,2	0,1037
	111,5	0,0970		119,7	0,1041
arête = 50mm	110,6	0,0962		117,2	0,1017
	111,9	0,0973		117,9	0,1025
	111,1	0,0966		122,2	0,1063
				120,9	0,1051
				118,82	0,1028
moy.	114,0 ± 2,7	0,0991 ± 0,0024	moy.	119,1 ± 2,7	0,1035 ± 0,0025

On trouve donc une densité moyenne de 114,0 ± 2,7 par la méthode géométrique et de 119,1 ± 2,7 pour la méthode de la poussée d'Archimède. La variabilité est fortement due à la présence aléatoire de défauts dans les échantillons, comme la présence de bulles d'air ou de cavités. La valeur de densité relative est proche de 0,1000 avec un écart type de 0,024. Ces valeurs sont cohérentes avec les valeurs de mousses dites denses de polyuréthanes, où une mousse de densité relative à partir de 0,8 est considérée comme dense [*Marotel*].

◻ *Cas des mousses renforcées fibres de verre*

Les mêmes mesures ont été effectuées pour les mousses fibrées :

	méthode "géométrique"			méthode "Archimède"	
	densité	densité relative		densité	densité relative
arête = 20mm	132,6	0,1153		128,5	0,1117
	136,9	0,1190		132,3	0,1150
	129,3	0,1124		129,8	0,1129
arête = 30mm	124,1	0,1078		137,3	0,1194
	122,5	0,1065		127,5	0,1109
	125,0	0,1087		140,2	0,1219
arête = 40mm	129,4	0,1125		131,7	0,1145
	133,2	0,1157		128,9	0,1121
	127,0	0,1104		127,9	0,1112
arête = 50mm	134,1	0,1166		135,6	0,1179
	125,4	0,1090			
	133,4	0,1160			
moy.	133 ± 4,6	0,1157 ± 0,0040	moy.	132,1 ± 4,4	0,1148 ± 0,0038

Les mousses polyuréthanes fibrées sont livrées par le fournisseur pour avoir une densité de 130 kg/m³, nous trouvons ici des moyennes de 133 et 132 kg/m³, ce qui est donc correct par rapport aux spécifications constructeurs. Les écarts-types sont un peu plus importants dans ce cas, avec des valeurs de 4,6 dans le cas de la méthode géométrique et 4,4 dans le cas de la méthode de la poussée d'Archimède. Cela s'explique[1] par la variabilité de la quantité de fibres présente dans l'échantillon selon la zone de prélèvement. En ce qui concerne les densités relatives, on trouve dans les deux cas une valeur similaire de l'ordre de 0,12 avec un écart type très faible de 0,04. Nous sommes donc bien toujours en présence d'une mousse ayant les critères d'une mousse rigide.

A.2.5. Autres caractéristiques physico-chimiques des mousses polyuréthane

La température de transition vitreuse (Tg) des mousses polyuréthanes a été déterminée par Analyse Mécanique Dynamique (voir B.2.1. Analyse Dynamique Mécanique : DMA). Une trentaine d'essais ont été réalisés pour s'assurer de la reproductibilité. La Tg a été trouvée égale à 120°C ± 5°C, alors que dans la littérature les valeurs souvent retrouvées sont situées aux alentours de 74°C (Saint Michel, 2006). Cette différence peut être due à la différence de formulation chimique du mélange initial avant moussage.

Les mousses polyuréthanes sont expansées au 1,1-dichloro-1-fluoroéthane, connu sous le nom HCFC 141b, et commercialisé sous le nom Solkane® 141b. Ce gaz d'expansion a pour avantage d'avoir une faible conductivité thermique (10.1mW/m-K à 25°C), mais il est aussi connu pour avoir un rôle de plastifiant de la mousse. Ce gaz présente les températures de transitions suivantes :

- température de fusion : -103,5°C.
- température d'ébullition : 32°C.

B. Caractérisation mécanique

Dans cette partie, l'influence du moyen de découpe des éprouvettes suite à l'obtention des blocs de mousses, ainsi que les principaux essais de caractérisation mécaniques vont être présentés. Les mousses ont été testées en compression monotone ou en fluage, sur une large gamme de température, en particulier cryogéniques.

B.1. Découpe des éprouvettes

Les échantillons de mousses testés au sein du CRITT dans le cas d'autres études sont usinés à la scie, qui est la méthode de découpe industrielle traditionnelle sur ce genre d'éprouvettes. Nous allons ici faire une étude comparative des différents moyens de découpe pour obtenir les échantillons plus petits, afin de déterminer quelle méthode endommage le moins la structure de nos matériaux. L'objectif est d'évaluer la qualité de la surface et la profondeur d'endommagement en surface. Ainsi trois méthodes sont comparées : la découpe à la scie, la découpe au cutter et la découpe au jet d'eau. L'endommagement généré par ces méthodes de découpe, est évalué par des observations au MEB sur des cubes de mousses PU d'arête égale à 20 mm.

B.1.1. Découpe à la scie

Ces échantillons sont découpés par un menuisier à la scie trois axes.

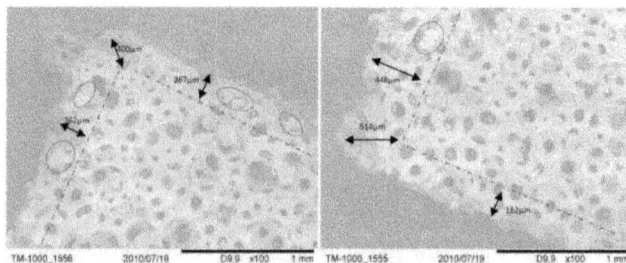

Figure II 14: Observations MEB sur échantillons cubiques 20x20 mm sur les bords. Observation endommagement et arrachement matière entouré en vert.

Sur la Figure II 14, on peut observer plusieurs phénomènes. En vert sont entourés les arrachements de matière, et nous avons délimités en rouge les zones ou l'on observait un maximum d'arrachement et d'écrasement de cellules dû au passage de la lame de la scie. On remarque que les

63

profondeurs d'écrasement sont variables d'une face à l'autre d'un seul et même cube ; cela dépend certainement du positionnement des cellules par rapport au passage de la lame de la scie.

En moyenne sur ce type de découpe, l'endommagement provoqué par l'écrasement des cellules coupées varie sur les différents échantillons entre 100 et 400µm. Cette épaisseur d'endommagement correspond approximativement au maximum à l'épaisseur d'une couche de cellule. Nous avons vu précédemment, que le diamètre moyen des cellules de mousses non fibrées était égal à 350µm.

B.1.2. Découpe manuelle au cutter

Nous nous sommes aussi intéressés à la découpe faite manuellement au cutter, car nous verrons par la suite qu'une grande majorité des essais de caractérisation mécanique et d'endommagement seront faits sur des échantillons cubiques de 50 mm. Or ces échantillons ne peuvent être analysés en entier dans le MEB ; leurs dimensions ne le permettent pas. Il est donc nécessaire de les découper au préalable, et d'être capable de caractériser l'endommagement causé par cette méthode, afin de ne pas la confondre avec de l'endommagement mécanique.

L'échantillon de 20 x 20 x 20 mm est découpé au cutter dans le coin d'un échantillon de 50 x 50 x 50 découpé initialement à la scie. Seuls les bords coupés au cutter sont observés.

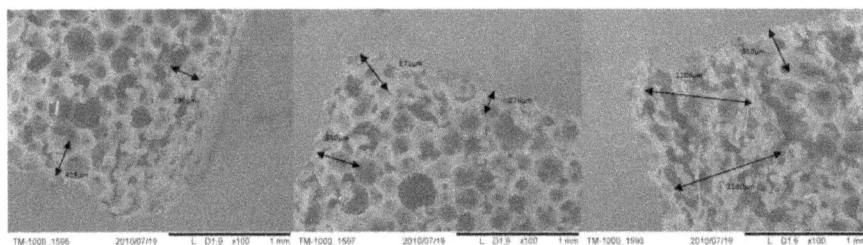

Figure II 15: Images MEB de la découpe d'échantillon au cutter. Profondeur d'endommagement et arrachement matière.

Comme précédemment, nous observons de l'arrachement de matière (voir des exemples entourés de vert) et différentes profondeur d'endommagement. L'image de droite est un angle où les deux bords ont étés coupés au cutter, c'est sur ces zones de découpe que l'on constate la plus grande dégradation, avec des profondeurs d'endommagement de l'ordre du millimètre. Dans cette zone toutes les cellules semblent être « écrasées » par le passage de la lame de cutter. Globalement la profondeur d'endommagement varie entre 400 et 1000 µm. Cette technique de découpe est donc plus destructive que la précédente.

B.1.3. Découpe au jet d'eau

Nous avons aussi pu caractériser l'effet de découpe par la technique au jet d'eau, sur des échantillons de même nature (mousse polyuréthane, non fibrée, densité = 120kg/m^3) mais portant sur une autre étude au sein du CRITT. Les échantillons obtenus par cette méthode sont des cylindres d'une hauteur de 6mm, et de diamètre de 6 mm également. Des observations sont effectuées sur le dessus de l'échantillon (face plane) ; et de profil (surface courbée), comme présenté Figure II 15.

L'état de surface de l'échantillon est beaucoup plus propre que ceux observés précédemment. Effectivement nous ne voyons pas ou très peu d'arrachement de matière sur la surface. De la même façon, nous avons très peu d'écrasement de cellules à la périphérie de la zone de découpe, et donc globalement un endommagement beaucoup moins profond.

Figure II 15: Images MEB d'un cylindre de mousse PU découpé au jet d'eau. Vu du dessus et de profil.

Ainsi, nous observons sur ces clichés un endommagement dû à la découpe d'une profondeur d'environ 150µm ce qui correspond à environ 1/3 de la taille d'une cellule moyenne.

B.1.4. Conclusion sur les effets de découpe

Pour conclure sur ces méthodes de découpe, après analyse morphologique des mousses, il semblerait que la technique au jet d'eau soit la moins agressive et destructrice pour la mousse non fibrée : l'endommagement est minimisé et l'état de surface est très propre avec très peu d'arrachement de matière. Cependant, cette technique ne permet pas de réaliser des découpes sur des épaisseurs importantes, tels que les échantillons de 50mm. Afin de comparer des effets similaires sur la totalité de notre gamme d'échantillonnage, toutes les découpes d'éprouvettes nécessaires pour cette étude seront faites à la scie. Le même mode de découpe sera adopté pour les mousses fibrées.

B.2. Moyens d'essais

B.2.1. Analyse Dynamique Mécanique : DMA

¤ *Principe de la mesure*

L'Analyse Mécanique Dynamique (DMA) permet d'étudier la réponse mécanique d'un matériau viscoélastique soumis à une sollicitation dynamique en fonction de la température ou de la fréquence. La contribution à la contrainte résultant de la viscosité est responsable d'un déphasage entre sollicitation et réponse. La sollicitation peut être à déformation imposée ou contrainte imposée, et elle est de la forme :

$$S^* = S_0 \exp(i\omega t) \qquad (4)$$

Où S_0 est l'amplitude de la sollicitation et ω sa fréquence. La réponse à cette sollicitation s'écrit alors :

$$R^* = R_0 \exp(i\omega t + \delta) \qquad (5)$$

Où R_0 est l'amplitude et δ le déphasage entre réponse et sollicitation. Dans le cas où sollicitation et réponse sont respectivement contrainte et déformation, on a la relation suivante qui les relie :

$$S^* = E^* . R^* \qquad (6)$$

Dans cette analyse, on définit le module complexe E^* de la façon suivante :

$$E^* = E' + iE'' \qquad (7)$$

Comme propriété mécanique intrinsèque du matériau. La partie réelle E' correspond au module élastique et caractérise l'énergie restituée par le matériau ; E' est aussi nommé module de conservation. La partie imaginaire E'' (aussi appelé module de perte), elle représente le module de perte et caractérise l'énergie dissipée par le matériau due à sa viscosité. On appelle facteur de perte (ou facteur d'amortissement) le rapport $\tan(\delta) = E''/E'$. Les variations observées sur les différents modules en fonction de la température caractérisent les phénomènes de relaxation associés à la mobilité des chaînes moléculaires.

Cette mesure par visco-analyseur permet notamment de déterminer une plage de température de transition vitreuse, qui sur les courbes obtenues se caractérisera par une chute brutale du module de conservation, et un pic sur le module de perte et sur le facteur d'amortissement.

¤ *Dispositif expérimental et paramètres d'essais*

Le dispositif expérimental est une DMA NETZSCH 242C, reliée à une cuve d'azote, qui permet ainsi un refroidissement jusqu'à -170 °C, avec une précision de 0,2 °C. La force applicable varie de 0,01 N à 8 N, avec une précision de 0,001 N, la fréquence varie de 0.01 Hz à 100 Hz, et les déformations imposées peuvent être comprises entre 1 μm et 240 μm, avec une précision de 0,1 μm.

Cet équipement servira pour trois types d'essais : des mesures en mode standard pour obtenir l'évolution du module en fonction de la température et Tg (température de transition vitreuse), des mesures de dilatations, et enfin des essais de fluage courts.

Dans ces trois cas, les échantillons testés seront des échantillons cubiques de 6mm d'arêtes, avec le montage de compression (voir Figure II 16). Les dimensions de l'éprouvette ont été choisies ainsi, car ce sont les dimensions maximales que l'on peut envisager pour pouvoir appliquer un niveau de force suffisant en fluage (0,25MPa, cahier des charges GTT).

Figure II 16: Montage de compression sur la DMA.

➤ *Paramètres d'essais pour le balayage en température*

Le but est de faire une première caractérisation mécanique des mousses polyuréthane, et de situer leur domaine de transition vitreuse (Tg). Les essais de balayage en température sont effectués sur un domaine compris entre -170°C et +180°C, avec une rampe en température à 2°C/min. La fréquence de balayage est choisie à 1Hz, la déformation imposée est de 20μm.

Le zéro du capteur de déplacement est défini à la température initiale de l'essai. Par exemple si l'on souhaite commencer directement l'essai à -170°C, le réglage du zéro se fait à la stabilisation de la température à -170°C. Pour toutes les mesures, un segment isotherme d'une durée de 15 minutes est réalisé, avant le balayage en température souhaité, pour s'assurer que la totalité de l'échantillon est en température.

> *Paramètres d'essais pour le balayage en fréquence*

Le but des essais de balayage en fréquence est de pouvoir tester le principe d'équivalence temps-températures pour appréhender le comportement long terme. Cette approche sera détaillée au chapitre IV.

Les paramètres utilisés sont les suivant :

- balayage en température entre -150 °C et 0 °C par palier de 5 °C.
- gamme de fréquence : 0.05 à 10 Hz avec 20 pas. Ce balayage est effectué à chaque palier de température.
- déplacement imposé : 20 µm.

De la même façon que précédemment le zéro du capteur de déplacement est fait à la température initiale de l'essai, à savoir -150 °C.

> *Paramètres d'essais pour la mesure de dilatation*

Les essais de dilatation se font toujours avec le mors de compression, sur des échantillons cubiques de 6mm d'arêtes. Le principe consiste à appliquer une force quasi nulle qui permet d'assurer le contact entre l'échantillon et le poussoir. L'évolution de l'épaisseur de l'échantillon est suivie en fonction de la température. Il faut utiliser le mode Pseudo – TMA de la DMA Netzsch 242C, et faire la calibration de la mesure avec un échantillon d'un matériau réfractaire, ici l'alumine.

Ensuite, la mesure de dilatation sur l'échantillon peut être effectuée. La force appliquée est de 0,01 N, en effectuant une rampe de température à 0,5 °C/min, entre – 120 °C et + 100 °C. Le coefficient de dilatation thermique est calculé par l'équation suivante (8):

$$\Delta L = \alpha . L_0 . \Delta T \qquad (8)$$

Avec :

- *ΔL : la variation de longueur en mm*
- *α : le coefficient de dilatation linéaire en K^{-1}*
- *L_0 : la longueur initiale en mm*
- *ΔT : $T - T_0$ la variation de température en degré Celsius (°C) ou Kelvin (K)*

➢ *Paramètres d'essais pour le fluage*

Le principe d'un essai de fluage est d'appliquer une force ou une contrainte constante dans le temps, à une température donnée, et de suivre tout au long de l'essai l'évolution de la déformation comme le montre la figure ci-dessous.

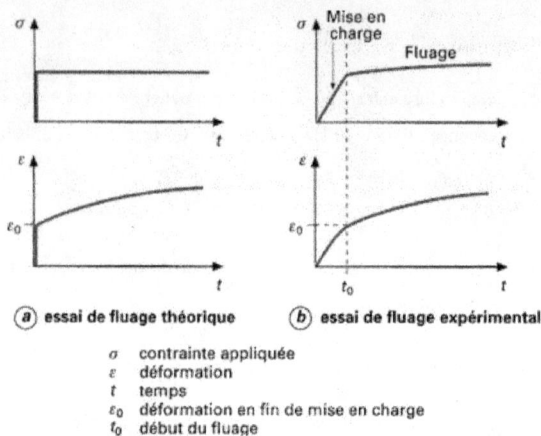

(a) essai de fluage théorique   (b) essai de fluage expérimental

σ contrainte appliquée
ε déformation
t temps
ε_0 déformation en fin de mise en charge
t_0 début du fluage

Figure II 17: Illustration du principe d'un essai de fluage (a) théorique et (b) expérimental.

Il est de plus possible, si l'on applique une faible pré-charge en début d'essai, de réappliquer cette faible pré-charge en fin d'essai, pour faire des mesures de recouvrance. Cet essai permet d'identifier la nature du comportement, élastique, ou viscoélastique notamment (voir Figure II 18); et de caractériser les propriétés mécaniques sur le long terme du matériau étudié.

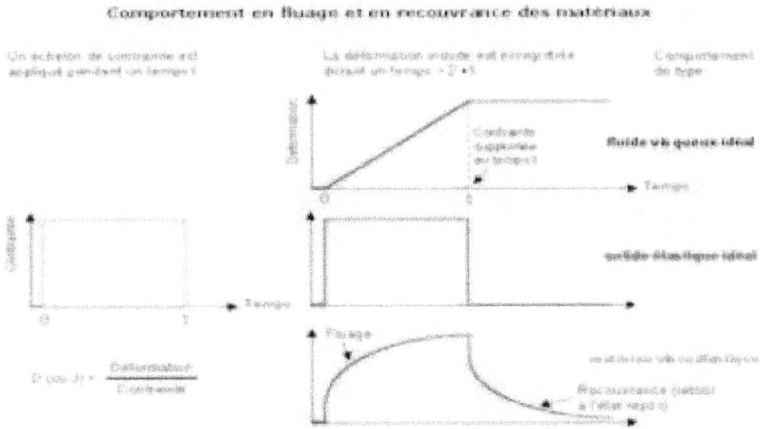

Figure II 18: Différents types de réponses à une sollicitation de fluage selon la nature du matériau [*Techniques de l'ingénieur*].

Pour réaliser ces essais avec la DMA, le mode « creep mode » doit être sélectionné. Les essais sont réalisés avec le mors de compression sur des échantillons cubiques de 6 mm d'arête. La contrainte appliquée est calculée grâce à l'équation (9):

$$\sigma = \frac{F}{S}$$

(9)

Avec :

- *σ : contrainte imposée (MPa).*
- *F : Force imposée en Newton (N)*
- *S : surface de l'échantillon (m²)*

Avec une surface de 36mm2, nous appliquons la force maximale possible, à savoir 8N, ce qui nous permet d'obtenir une contrainte de 0,22MPa (pour un cahier des charges à 0,25MPa). De la même façon que pour les mesures en mode standard, le zéro du mors de compression qui sert à mesurer le déplacement sera fait directement à la température souhaitée pour la mesure.

Lors des essais à température négative, la durée des essais est limitée par la capacité de stockage de la cuve mobile d'azote liquide. Pour une température de -170°C, l'essai ne peut pas durer plus de 3H.

70

B.2.2. Compression monotone

¤ *Dispositif expérimental*

Les essais de compression monotone sont effectués sur une machine de traction compression ZWICK 1475 équipée de plateaux de compressions. Elle pourra être équipée ou non d'une enceinte thermique pour réaliser les essais en températures. La force maximale est de 100 kN avec une incertitude de mesure de 1 N.

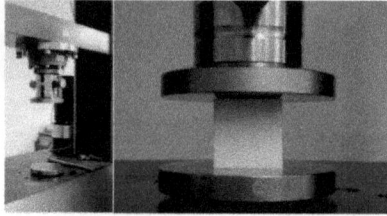

Figure II 19: Dispositif expérimental de compression à T° ambiante sur ZWICK, et centrage de l'échantillon.

Le capteur de déplacement est directement intégré dans la traverse, et a une incertitude de mesure dépendant du déplacement de la traverse ; en effet entre 0 et 0,5 mm de déplacement il y a une incertitude de mesure de ±1,8µm ; pour un déplacement de 0,5 à 5 mm l'incertitude de mesure est de ± 4,6µm, et enfin cette valeur d'incertitude passe à ± 7,1µm pour un déplacement de traverse compris entre 5 et 14mm. Sur le porte échantillon il est possible de tracer au feutre noir le centre du support, pour s'assurer de bien centrer l'échantillon et ainsi appliquer la force le plus uniformément possible, à la planéité de l'échantillon prêt.

La vitesse de déplacement a été fixée à 5mm/min (vitesse standard pour ce type d'essai dans le cahier des charges client), ce qui correspond à une vitesse de déformation de $1,66.10^{-1}.s^{-1}$ sur une géométrie d'éprouvette cubique de 50 mm d'arête. Cette vitesse de déformation sera celle appliquée par la suite quelque soit la dimension de l'éprouvette testée.

Afin de s'affranchir de la rigidité machine et du comportement des outillages, avant chaque série de tests, une série de compressions « plateau contre plateau » est réalisée. Ces essais permettent de calculer l'équation force/déformation de l'outillage. L'équation obtenue est une équation polynomiale du troisième degré qui est directement réintroduite dans les paramètres du logiciel d'acquisition de données. Ainsi, l'obtention des courbes de résultats nous donnera directement déformation et contrainte réelle des échantillons. Lors de l'essai le déplacement traverse et la force appliquée sont enregistrés, et permettent de construire des courbes contraintes-déformations. Le module de

71

compression est calculé entre deux points situés au niveau de la pente la plus importante et représentative de la courbe.

Les mousses polyuréthane étant des matériaux poreux et donc sensibles aux variations d'humidité, il est important de réaliser ces essais dans des conditions de température et d'humidité spécifiques, à savoir T = 22°C ± 2°C et HR (humidité relative) = 50 % ± 5%.

¤ *Présentation du dispositif pour les mesures aux basses températures*

Le CRITT, fort de son expérience d'essais à températures cryogéniques, à développé un système permettant la réalisation de ces essais à température négative. Ce système est constitué d'une étuve (Figure II 20 (a)), d'un système gérant le déclenchement de l'électrovanne (Figure II 20 (b) et (c)) et le réglage de la température, et d'une sonde de température (Figure II 20 (d)). Cette étuve est adaptable sur la ZWICK 1475, et permet ainsi de réaliser l'essai précédemment développé à des températures allant de 0 à -170°C.

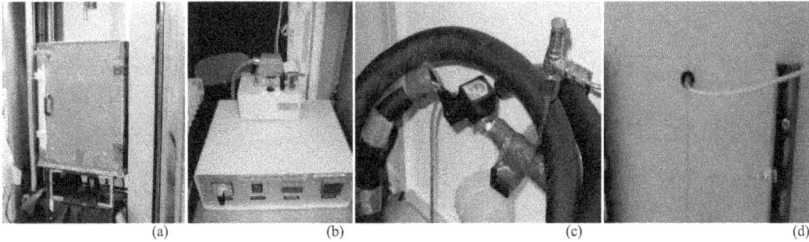

(a)   (b)   (c)   (d)

Figure II 20: Dispositif pour les essais cryogéniques, (a) étuve, (b) système gérant l'électrovanne, (c) électrovanne, (d) sonde de température.

Une fois l'étuve montée sur la ZWICK, la température est réglée, les échantillons sont disposés dans l'étuve au préalable, et surélevés pour ne pas baigner dans l'azote liquide, dans le cas d'une température d'essai à -170°C. La mesure de température est précise à ± 3 °C. Pour s'assurer que l'échantillon est à température, avant de démarrer l'essai, l'échantillon reste 40 minutes à la température voulue.

Au préalable, il est nécessaire de faire la correction de la rigidité machine, comme expliqué précédemment, mais à la température de l'essai à réaliser.

¤ *Présentation du dispositif d'extensomètre optique*

Le but de ce dispositif est de pouvoir obtenir une mesure plus locale de la déformation à la surface des échantillons. Ce dispositif nécessite une préparation spécifique de l'éprouvette testée. Un quadrillage de point est réalisé sur la surface de l'échantillon. Le quadrillage est différent selon le résultat souhaité. Par exemple, pour analyser les réponses de surfaces de plus en plus grandes, un quadrillage comme celui que montre la Figure II 21 (a) peut être fait, alors que pour avoir une cartographie complète du champ de déformation, un quadrillage plus adapté ressemblera à celui présenté Figure II 21 (b).

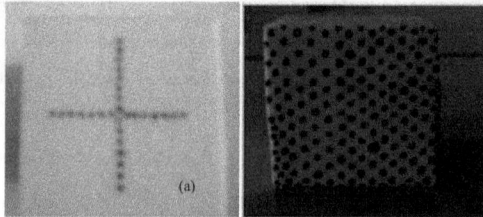

Figure II 21: Exemples de préparation de surfaces et de quadrillages pour une mesure par extensomètre optique.

Une caméra installée devant l'échantillon, permet l'acquisition de clichés à une fréquence choisie. Le logiciel de corrélation d'images DEFTAC®, calcule à partir des clichés les valeurs de déplacements transverses et longitudinaux pour une surface représentée par 4 points.

La méthode consiste à suivre 2, 4 ou n marqueurs, situés en surface de la pièce étudiée, au cours du chargement. Le suivi de 4 taches permet d'obtenir le tenseur des déformations surfaciques (e_x , e_y , e_{xy}) et le tenseur des déformations principales (e_1 , e_2) en considérant que les déformations sont homogènes sur la base de mesure. L'étude de 2 taches donne la déformation dans la direction des taches. L'analyse de n taches permet d'obtenir un champ de déformations.

Les essais sont donc réalisés à l'ENSMA, sur une machine de traction compression INSTRON 4505, pourvue d'un montage de compression inversé. Une différence de propriétés mécaniques pourra donc exister avec les résultats sur ZWICK, les rigidités machines n'étant pas les mêmes. Les conditions d'essais restent sinon similaires à celles présentées au paragraphe précédent.

Le logiciel permet de suivre un déplacement minimum de 0.1 mm et un déplacement maximum de 10 mm, à la précision du marquage de point près. Les barres d'erreurs sur les valeurs de déformations sont de ± 0.1 %.

B.2.3. Essais de fluage

Le fluage est effectué en compression, soit sur une machine de traction compression présentée au paragraphe précédent soit un banc de fluage spécialement conçu pour cette étude.

Lors des essais à températures négatives, nous utilisons la ZWICK 1475 équipée de l'enceinte cryogénique, et pour les essais à température ambiante nous utilisons les bancs de fluage que nous avons spécifiquement conçus pour cette étude.

¤ Dispositif expérimental

➤ Machine de traction compression

Dans ce cas, la ZWICK 1475 est utilisée, avec les plateaux de compression précédemment vus. La correction de l'allongement machine se fait à la température prévue pour l'essai de fluage. Deux contraintes de fluage ont été utilisées pour cette étude : 0,25 et 0,8 MPa ; ces deux niveaux de contraintes ont été choisis en accord avec le concepteur de méthanier : ils correspondent à des niveaux de contraintes réels observés dans les cuves, qu'elles soient de transport ou de stockage. Dans les deux cas, une pré-charge est appliquée à l'échantillon, ce qui permet de pouvoir suivre la recouvrance de l'éprouvette avec un retour à la pré-charge. La valeur de la pré-charge a été choisie avec la valeur minimum de détection machine à savoir 20 newtons (N).

La vitesse de mise en charge à ensuite été calculée pour être le plus proche de celle possible sur les bancs de fluage conçus pour l'étude, où la mise en charge se fait manuellement. Le pilotage de cette mise en charge se fait en force, à vitesse de 86 N.s^{-1}. La durée de l'essai est variable ; le temps de recouvrance doit cependant correspondre à un minimum de 3 fois le temps de fluage. La seule limitation est une limitation machine : pour les essais à froid au bout d'un certain temps (4H pour des essais à -170°C) il y a apparition de glaçons qui bloquent la traverse mobile.

➤ Bancs de fluage spécifiques

Les bancs de fluage ont été conçus en partenariat avec S.E.R.E.M.E. Le cahier des charges était de pouvoir tester des éprouvettes cubiques de plusieurs tailles, avec une arête maximum de 50mm ; et de pouvoir couvrir une gamme de contrainte allant de 0,25 à 0,8 MPa. La machine développée est de type machine à fléau (voir Figure II 22 (a)). Elle permet l'application d'un effort de compression constant dans le temps sur une éprouvette et la mesure de sa déformation, par un capteur LVDT (voir Figure II 22 (b)).

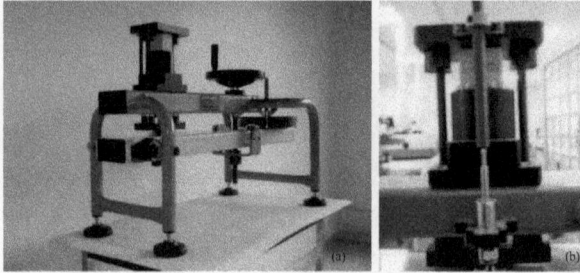

Figure II 22: (a) Machine à fléau de fluage développée spécifiquement pour les essais sur mousses, (b) vu sur le capteur LVDT.

Le support échantillon (Figure II 22 (b)), est muni d'un dispositif de centrage adapté à des éprouvettes de 50mm de côté. Le réglage du positionnement du capteur LVDT a lui aussi été fait sur cette hauteur de 50mm ; des essais peuvent néanmoins être réalisés sur des éprouvettes de plus petites épaisseurs, sans changer les réglages, en introduisant une cale entre l'échantillon et le support échantillon, de façon à avoir hauteur de l'échantillon + hauteur de la cale égale à 50mm.

La force appliquée est obtenue par :

- La masse du chariot mobile : $m_{chariot}$
- La masse du fléau : $m_{fléau}$
- La masse additionnelle

$$F(N) = m_{chariot} * 9,81 + m_{fléau} * 9,81 * \frac{d_{CdG}}{120} + m_{additionnelle} * 9,81 * \frac{720}{120}$$

avec d_{CdG} = distance au centre de gravité : 345 mm.

Ce qui donne

$$F(N) = 396,36\ (N) + 6 * m_{additionnelle}(kg) * 9,81$$

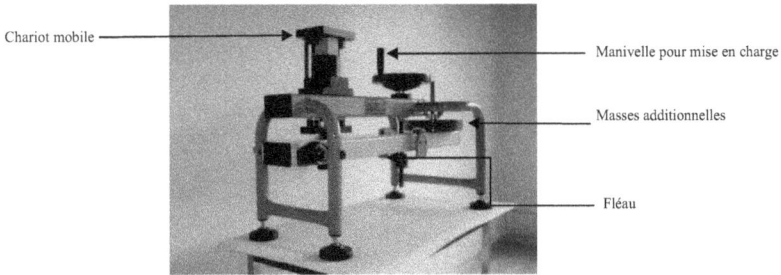

Chariot mobile

Manivelle pour mise en charge

Masses additionnelles

Fléau

Figure II 23: Différentes masses constitutives de la force appliquée sur l'échantillon.

La mise en charge se fait manuellement en tournant la manivelle. Lorsque le chariot mobile entre en contact avec l'échantillon, la pré-charge équivalente à celle sur machine de traction compression est atteinte, et a une valeur de 23 N. Il faut ensuite faire 7 tours supplémentaires avant d'atteindre la charge finale, qui est dépendante des masses additionnelles, pour arriver en butée du fléau. Plusieurs mises en charge manuelles ont été effectuées successivement afin de pouvoir calculer le temps de cette mise en charge, en moyenne 1 seconde est nécessaire pour appliquer 1 tour, soit une vitesse d'application de la charge de 86 $N.s^{-1}$. Cette vitesse de chargement a été reporté sur les essais sur ZWICK, pour avoir des conditions similaires d'essai quelque soit l'équipement utilisé.

Ensuite le capteur LVDT, qui a une précision de mesure de l'ordre du micron (μm), enregistre le déplacement sur toute la longueur de l'essai. Ces données sont enregistrées en direct et en continu, par une centrale d'acquisition, ce qui permet de suivre en simultané les valeurs de déplacements pour tous les bancs de fluage à disposition, à savoir : 12 bancs.

Chapitre III: Etude du comportement mécanique à basse température et étude du comportement en fluage.

A. Comportement mécanique à froid

Il est important de repréciser que dans cette étude, les mousses polyuréthane étudiées ont pour rôle principal l'isolation thermique de cuves de transport ou de stockage de gaz naturel liquéfié, c'est-à-dire des gaz à températures aux alentours de -170°C. Les parois de ces cuves peuvent de plus subir des variations de températures allant de -170°C à +80°C lors des phases d'entretien et de dégazage des cuves. Il est donc nécessaire d'étudier le comportement mécanique de ces matériaux aux différentes températures négatives afin de quantifier l'influence de la température sur la réponse mécanique des mousses polyuréthanes. Ces matériaux étant principalement soumis, en phase d'utilisation, à deux types de chargement qui sont la compression monotone et le fluage, ce sont ces deux comportements qui seront étudiés dans la première partie de ce chapitre, à la fois sur mousses fibrées et non fibrées. Dans une seconde partie, consacrée uniquement aux mousses non fibrées, on s'efforcera de lier ce comportement aux mécanismes de déformation et d'endommagement mis en jeu.

A.1. Compression monotone

A.1.1. Mousses non fibrées

Nous nous intéresserons dans un premier temps au comportement en compression monotone sur une large gamme de déformation excédant la région d'élasticité linéaire. Avant de réaliser des essais en températures, nous avons testé un cube de mousse, préalablement marqué au marqueur sur l'épaisseur (Figure III 1), comme dans l'étude de [Tu, Schim, & Lim, 2001].

Figure III 1 : Eprouvette cubique de compression, avec traçage de bandes pour le suivi de la localisation de la déformation. (cube de 50 mm d'arête, vitesse de déplacement : 2 mm/min).

Des photos sont prises à différents stades de déformation durant la durée de l'essai, ce qui permet de suivre l'évolution de la déformation et l'éventuelle localisation de l'endommagement. C'est ce qui peut être observé Figure III 2 :

Figure III 2 : Suivi de la déformation au cours de l'essai de compression à température ambiante (cube d'arête 50 mm, vitesse de déplacement : 2 mm/min).

Il apparait que la déformation semble se localiser plus sur la partie haute de l'éprouvette, partie en contact avec la traverse mobile de l'équipement de compression. Chaque photo peut être ramenée à un stade de déformation sur la courbe contrainte – déformation de l'éprouvette (Figure III 3) pour obtenir des informations semblables à celles présentées par [Gibson & Asbhy, 1997] dans le chapitre I (Figure I 11).

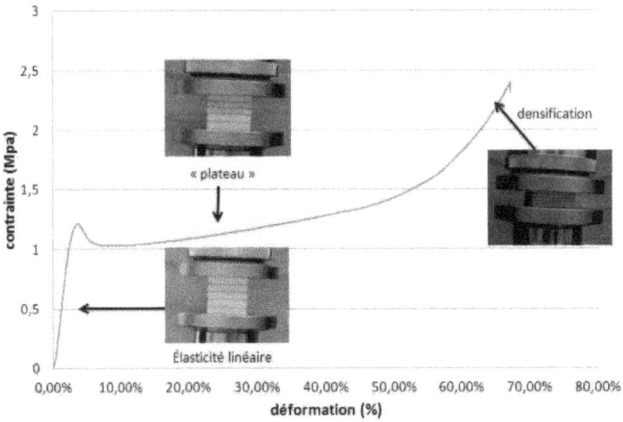

Figure III 3 : Suivi visuel de la déformation sur la courbe contrainte-déformation de l'éprouvette.

Sur ces résultats, on retrouve bien les résultats présentés par [Gibson & Ashby, 1997], à savoir dans la région de faible déformation peu ou pas d'observations visibles sur l'échantillon, avec probablement une légère courbure des arêtes et des parois de cellules. Dans la deuxième région caractérisée par son plateau, on observe bien un affaissement surtout localisé dans le centre de l'éprouvette, qui pourrait correspondre à l'effondrement d'une ou plusieurs couches de cellules. Et la dernière phase observée correspond à la phase de densification, où l'on note effectivement une cinétique de déformation beaucoup plus lente.

Cette première analyse nous permet de confirmer que le comportement mécanique de nos mousses à température ambiante est bien celui attendu par la littérature. Nous pouvons maintenant passer à l'analyse du comportement mécanique de ces mousses à basse température.

Même si l'usage principal est de tenir à -170 °C, les cuves subissent des entretiens environ tous les 5 ans, lors desquels un dégazage est fait à +80 °C. Nous étudierons donc une gamme de température allant de 0 à -170 °C. Le but sera de caractériser l'impact de la température sur les propriétés mécaniques des mousses polyuréthanes.

Ainsi des essais ont été fait pour les températures suivantes : -10°C, -30°C, -50°C, -70°C, -90°C et -170°C. Pour chaque température, au minimum 3 à 5 éprouvettes sont testés, pour s'assurer un minimum de reproductibilité. Pour les températures les plus extrêmes il faut au minimum 3H avant d'atteindre la température dans l'enceinte, puis l'échantillon doit lui-même rester 20 min dans l'enceinte avant le début de l'essai afin qu'il prenne température même à cœur.

La Figure III 4 illustre les résultats obtenus à -90 °C pour une vitesse de déformation en compression de $1.66.10^{-3}s^{-1}$.

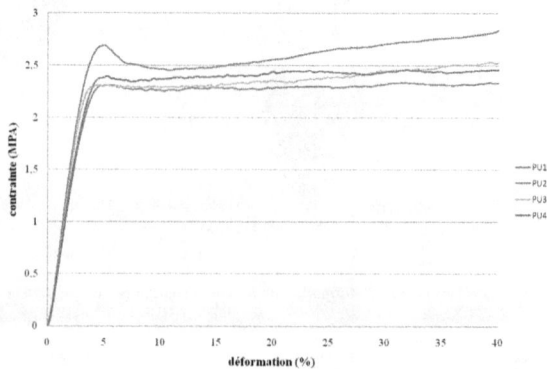

Figure III 4: Courbes de contraintes déformations à -90 °C, des mousses PU non fibrées.

Nous pouvons observer une assez bonne reproductibilité, sur l'allure des courbes des valeurs de modules 80 ± 3 MPa, et des valeurs de contraintes au seuil : 2,3 ± 0,2 MPa. Dans le domaine élastique linéaire, qui correspond au domaine de petite déformation que nous traiterons ultérieurement dans le cas du fluage, les courbes sont quasi superposables et offrent donc une bonne reproductibilité.

Sur la courbe du deuxième échantillon PU2, nous pouvons observer une allure de courbe légèrement différente qui se traduit par une diminution de la contrainte après la contrainte seuil, avant la phase de plateau. Cela peut être dû à l'effondrement de quelques couches de cellules qui ensuite en se transmettant d'une couche à l'autre vont amener à la phase de densification qui se traduit par le plateau observé par la suite.

Ces essais de reproductibilité seront menés à toutes les températures, et les courbes les plus représentatives (par rapport aux courbes trouvées dans la littérature notamment chez [Gibson et Ashby,1997]) pour chaque température sont superposés sur un même graphique pour suivre les évolutions comportementales en fonction de la température.

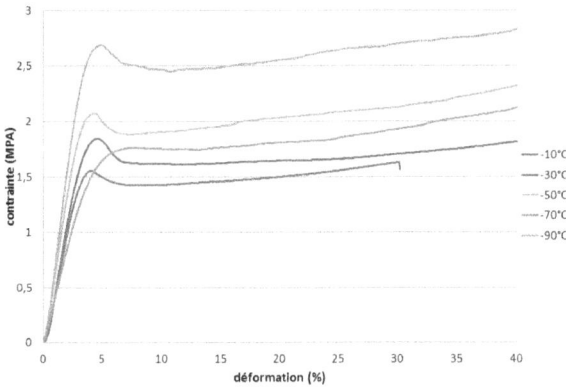

Figure III 5 : Courbes de compression pour des mousses PU à différentes températures, vitesse de déformation : $1.66.10^{-3}.s^{-1}$

Ces courbes montrent une sensibilité du module à la température et une dépendance très significative de la contrainte maximale, même à très basse température.

La courbe à -170°C n'est pas superposée car elle présente une allure complètement différente (Figure III 6). A cette température extrême, le matériau apparait beaucoup plus fragile et rigide. Une contrainte au seuil beaucoup plus importante est donc observée, ensuite il semblerait que la fragilisation provoque un effondrement de plusieurs couches de cellules, ce qui expliquerait la présence de bruit sur la courbe, sur la phase décrite comme la phase du plateau dans la littérature.

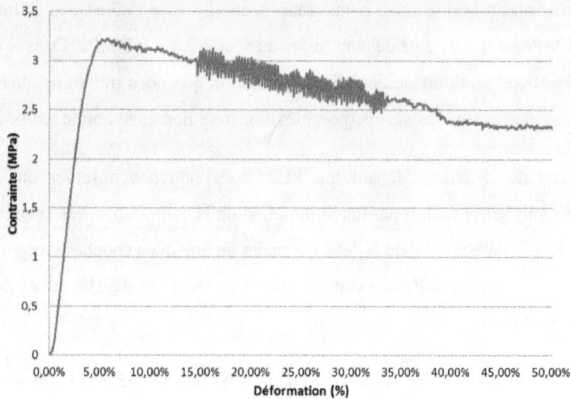

Figure III 6: Courbe contrainte-déformation d'une mousse PU à -170°C.

Si on compare les valeurs de modules en fonction de la température (Figure III 7), on remarque une rigidification de notre matériau en allant vers les températures négatives. Sauf à -70°C ou une diminution a été observée et ce sur les 5 échantillons testés à cette température.

Température	Module (MPa)
-10°C	46 ± 2
-30°C	67 ± 3
-50°C	77 ± 4
-70°C	47 ± 3
-90°C	80 ± 3
-170°C	91 ± 4

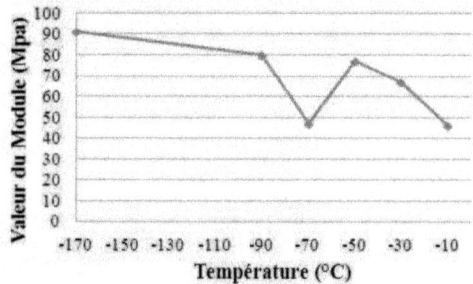

Figure III 7: Tableau des valeurs de modules en fonction de la température, et graphique correspondant.

Une augmentation quasi constante du module est observée avec la diminution de la température. Sauf à -70°C ou une nette chute de la valeur du module est notée. Pour comprendre ce phénomène une analyse DMA a été réalisée. Si on s'intéresse aux valeurs de tangente delta, on observe deux transitions sous vitreuses, que l'on peut identifier comme des transitions bêta. Une de ces transitions se situe aux alentours de -80°C (Voir Fig.III 8).

83

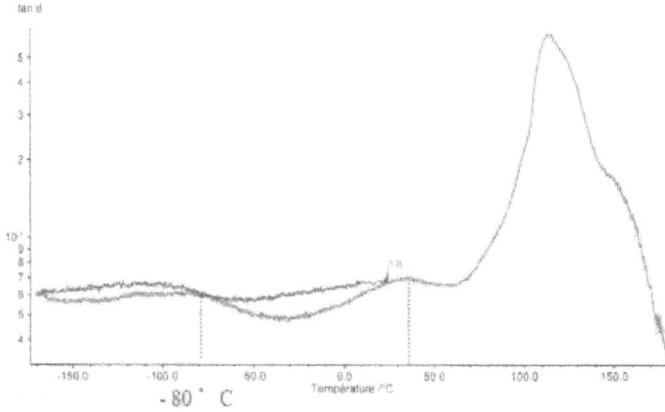

Figure III 8: Courbe du déphasage tanδ obtenue en DMA entre -170 et +150 °C. Echelle logarithmique.

Cette transition pourrait expliquer la différence de comportement observé à -70°C. Cependant la nature du matériau n'étant pas connu clairement, il est difficile d'identifier précisément cette transition.

Les résultats aux autres températures montrent que la dépendance du module en fonction de la température n'est pas linéaire lorsque l'on s'approche de la température ambiante. De plus ces résultats montrent également qu'aux températures les plus critiques, la sensibilité est beaucoup plus faible, comme ce que l'on peut observer sur la plage de température comprise entre – 90°C et -170°C. On peut s'attendre qu'à ces températures le comportement des mousses PU soit purement élastique et peu sensible au fluage.

A.1.2. Mousses fibrées

Les mêmes analyses ont étés menées sur les mousses renforcées fibres de verre. La vitesse de sollicitation reste la même que pour les essais précédents, c'est-à-dire une vitesse de déformation de $1,66.10^{-3}.s^{-1}$. Les échantillons testés sont des cubes d'arêtes 50 mm, et la direction de sollicitation et le sens z, perpendiculaire à l'orientation des fibres.

Les essais de reproductibilité sont menés à chaque température sur 3 à 5 échantillons. La Figure III 9 illustre les résultats obtenus à - 10°C.

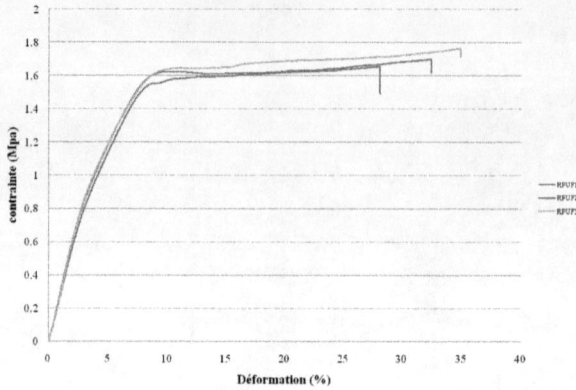

Figure III 9: Courbes de reproductibilité à - 10°C, mousses PU fibrées en compression.

Une fois ces essais de reproductibilité effectués et approuvés, les courbes aux différentes températures peuvent être superposées de la même façon que précédemment pour pouvoir analyser l'influence de la température sur le comportement mécanique. La figure ci-dessous montre ainsi l'évolution comportementale des mousses fibrées selon la température d'essai.

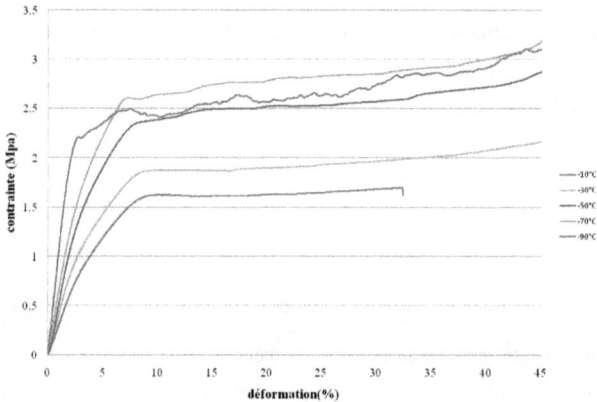

Figure III 10: Courbes contraintes-déformations à différentes températures, mousses PU fibrées, vitesse de déformation : 1.66.10^{-3}.s^{-1}

D'après ces résultats, les mousses fibrées présentent également une forte sensibilité du module à la température ainsi qu'une forte dépendance de la contrainte maximale, de la même façon que ce qui était observable sur les mousses non fibrées. Une différence notable entre les deux matériaux concerne l'allure des courbes, sur les mousses fibrées. Il n'y a pas de diminution de contrainte après le passage de la contrainte maximale, le plateau suit directement le domaine élastique linéaire.

température (°C)	module (MPa)	contrainte seuil (MPa)
-10	31 ± 2	1,6 ± 0,1
-30	43 ± 5	1,9 ± 0,1
-50	56 ± 6	2,3 ± 0,2
-70	60 ± 8	2,5 ± 0,2
-90	111 ± 3	2,4 ± 0,1

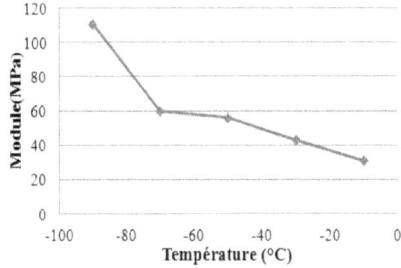

Figure III 11 : Suivi du module et de la contrainte seuil en fonction de la température pour les mousses fibrées.

Entre -70°C et -10°C, les résultats semblent être linéaires en fonction de la température, beaucoup plus que ce qu'ils ne l'étaient pour les mousses fibrées. Sur les mousses fibrées aucun « accident » de comportement n'a été observé à -70°C comparativement aux mousses non fibrées. Par contre un net décrochage de la valeur de module est observé à partir de -90°C.

De plus, sur la Figure III 10, aucune donnée à -170°C n'apparait, car à cette température sur les matériaux fibrées, le comportement est beaucoup plus fragile, et l'éprouvette casse dès la fin du domaine élastique comme nous le montre la Figure III 12. Il est possible que les fibres de verres plus fragiles à basses températures soient les premières à céder, et en se cassant provoque l'affaissement et la propagation de défaut dans les couches de cellules, ce qui entraine la dégradation de l'éprouvette par effondrement.

Figure III 12: Eprouvette testée à -170°C, à la fin du domaine élastique.

Les mousses fibrées bien que présentant elles aussi une dépendance à la température, n'ont pas le même comportement que les mousses PU non fibrées. Cette dépendance est plus linéaire sur la gamme de température comprise entre -70°C et -10°C. Par contre, à partir de 90°C le matériau se rigidifie beaucoup plus rapidement, ce qui se traduit par une augmentation du module et une fragilisation du matériau plus rapide. C'est pour cette raison que l'essai ne peut être mené à terme à -170°C. L'influence de la température est relativement comparable sur les mousses non fibrées et les mousses fibrées. Cependant, il semblerait qu'aux températures extrêmes la présence de fibres fragilise d'avantage le matériau.

A.2. Etude du comportement en fluage

Nous avons vu en introduction, que l'un des principaux chargements mécaniques vus par les mousses polyuréthanes dans leurs applications était le fluage, ce qui correspond à l'application d'un niveau de contrainte constant dans le temps. Les méthaniers transportant du Gaz Naturel Liquide à très basse température, il est important de caractériser le comportement de ces mousses sous une contrainte de fluage à différents niveaux de température négative.

A.2.1. Mise en œuvre de l'essai

Les essais de fluages présentés par la suite seront obligatoirement réalisés sur la machine de traction compression ZWICK et/ou sur la DMA et non sur les bancs de fluage, car à ce jour, les bancs de fluages qui ont étés conçus pour l'étude ne permettent pas l'utilisation d'une enceinte de température, et donc la réalisation d'essais à températures négatives n'est pas possible. Comme nous l'avons précédemment précisé pour les essais de compression à basses températures, la mise en température de l'enceinte thermique est relativement longue, d'autant plus que la température est négative. De plus la nécessité de rester à température constante durant toute la durée de l'essai consomme beaucoup d'azote liquide. Pour toutes ces raisons, les essais de fluages à basses températures seront principalement des essais de fluage court d'environ deux heures, à l'exception de quelques essais de 9H. Ces essais longs ne peuvent être réalisés qu'à des températures moindres. Aux très basses températures, un glaçon se forme autour de la tige supérieure servant à maintenir le plateau supérieur, et cela nuit à la bonne conduite de l'essai, empêchant notamment une régulation correcte de la contrainte, que ce soit en fluage ou en recouvrance.

Les échantillons testés sont des cubes de côté 50 mm, qui sont placés dans l'enceinte thermique dans les mêmes conditions que lors des essais de compression monotone : l'enceinte est mise à la température d'essai souhaitée, puis cette température est stabilisée pendant un minimum de 20 minutes, ensuite nous venons ré-ouvrir l'enceinte et placer l'échantillon directement entre les plateaux d'essais, puis une fois que la température se re-stabilise sur l'afficheur, un délai de 40 minutes s'écoule pour s'assurer que l'échantillon est bien à l'équilibre thermique avant de lancer l'essai. Le niveau de contrainte imposée est fixé à 0.8MPa. Dans le cahier des charges deux niveaux de contraintes (0.25 et 0.8MPa) sont spécifiés selon les applications : stockage ou transport. Comme le domaine de déformations et de contraintes est très faible, nous avons choisi la contrainte la plus élevée possible afin d'avoir des résultats sur la déformation plus important, et donc plus simples à exploiter. Des essais seront effectués à -30, -50, -70, -90, -110, -130 et -170°C. Pour chaque température 2 à 3 échantillons seront testés pour s'assurer de la reproductibilité des résultats.

A.2.2. Mousses non fibrées

◻ Cinétiques de fluage et représentativité d'un essai de 2 heures.

Les résultats sont présentés sous forme de courbes déformations au cours du temps, et pourront parfois être tracés en échelle logarithmique, comme sur la figure ci-dessous. Sur les représentations logarithmiques, la première partie de la courbe représente la mise en charge de l'éprouvette, puis la deuxième partie ne concerne que la déformation de fluage. Dans un premier temps, un exemple de la dispersion des résultats obtenus sur des échantillons testés à -30°C est donné Figure III 13. Dans le cas suivant nous avons exceptionnellement fait durer l'essai pendant 9H pour suivre l'évolution de la déformation après les 2H d'essai standard.

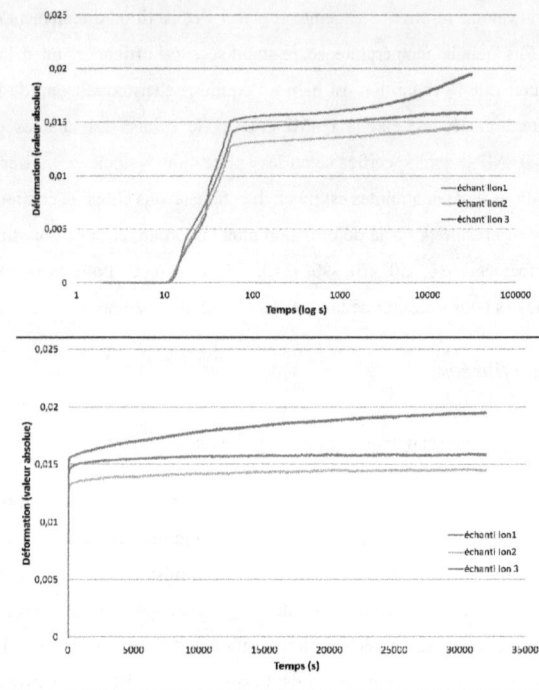

Figure III 13: Déformation au cours du temps lors d'un essai de fluage à -30°C sur mousses PU. (0,8 MPa ; 50 x 50 x 50 mm). En haut : échelle log, en bas : échelle linéaire.

Malgré le fait que les échantillons aient subi le même traitement thermique, nous pouvons constater qu'il existe des différences de comportement et de cinétique de fluage. En effet la courbe du premier échantillon testé n'a pas eu la même cinétique que les deux autres et subit une accélération de la déformation sur toute la période de l'essai, alors que pour les autres une stabilisation semble se produire. Cela peut être dû à une différence d'histoire thermique. Pourtant les trois éprouvettes ont été placées de la même façon dans l'enceinte, c'est-à-dire 20 min avant leur essai respectif une fois l'enceinte à température, directement sur le plateau de compression, pour pouvoir débuter l'essai après le temps de mise en température de l'éprouvette. Cependant pour la première éprouvette l'enceinte n'est en froid que depuis 45 min, alors que pour les suivantes cela fait plus longtemps puisque le froid à été maintenu lors du premier essai.

Sur cet essai de reproductibilité à -30°C, la déformation instantanée varie entre 0,0135 et 0,0160. Et dans ce cas c'est l'échantillon 1, qui à une déformation instantanée plus importante, mais avec un écart très faible tout de même. La principale différence de comportement se traduit sur la cinétique de fluage elle-même. Alors que les échantillons 2 et 3 ont la même cinétique avec une déformation de fluage qui évolue très peu, et qui une fois tracée en échelle logarithmique se retrouve linéaire ; la première éprouvette elle a une cinétique différente. On observe une augmentation de la déformation au cours de l'essai, qui se traduit aussi sur la représentation en échelle log par un changement de pente, comme si il y avait une accélération du phénomène, et que le comportement en fluage n'obéissait plus à une loi logarithmique.

Ces différences de comportement entre le premier échantillon et les suivants ont également été faites aux autres températures d'essai, comme le montre la Figure III 14.

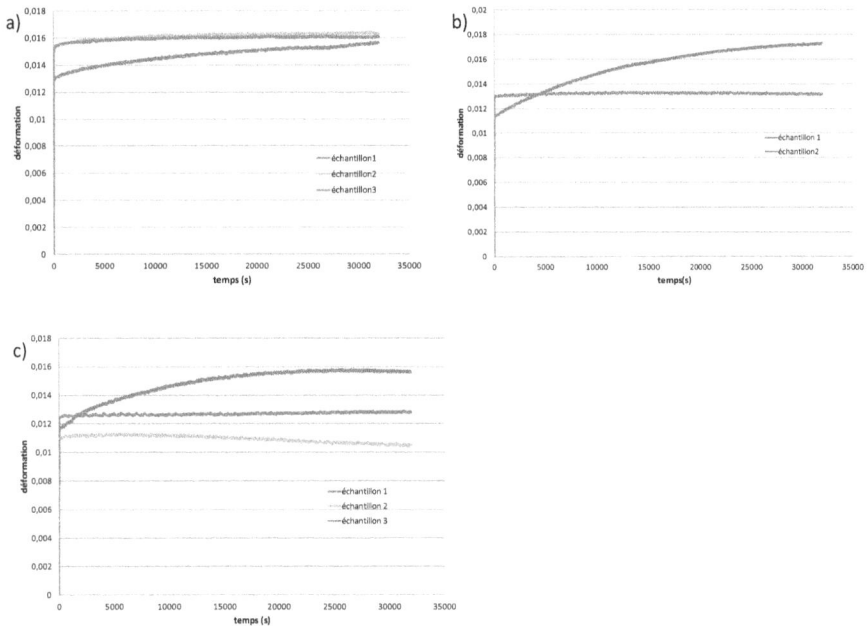

Figure III 14 : Essais de reproductibilité sur mousses PU a) -50°C, b) -70°C, c) -90°C.

En ce qui concerne le premier échantillon ces autres essais de reproductibilité mettent en avant une nette sensibilité à la température de l'accélération de la cinétique de fluage. Plus la température est négative plus la déformation de fluage augmente, uniquement sur cet échantillon. Or cela n'est pas en accord avec les précédents résultats en compression, ou l'on avait remarqué que plus la température était basse, moins le comportement était sensible aux fluctuations de température ce qui suggérait que le comportement des mousses soit purement élastique et peu sensible au fluage. Une des explications

90

possible à ce phénomène est qu'à la mise en place du premier échantillon l'enceinte ne soit pas encore uniformément en température, bien que le capteur indique une stabilité thermique. Et de ce fait l'échantillon n'est peut être pas complètement en température au début de l'essai, sa déformation pourrait donc être dû à la fois au fluage mais aussi à la contraction thermique.

Afin de déterminer la représentativité d'un essai de fluage de deux heures pour l'étude du comportement long terme, des essais de fluages de 2 et 9 heures sont comparés. Nous avons vu précédemment que pour les essais longs il pouvait y avoir formation de glaçon sur la tige mobile du mors. Pour ces raisons ces essais comparatifs sont donc réalisés aux températures négatives les moins contraignantes, c'est-à-dire à - 30°C et -50°C. Les échantillons pris en compte pour ces comparaisons seront les échantillons ayant une même cinétique, c'est-à-dire dans les deux cas les échantillons 2 et 3.

		εi	$\varepsilon 2H$	$\varepsilon 9H$	$\Delta \varepsilon 1 = \varepsilon 2H - \varepsilon i$	$\Delta \varepsilon 2 = \varepsilon 9H - \varepsilon i$	$\Delta \varepsilon 2 - \Delta \varepsilon 1$
-30°C	échantillon 2	0,013	0,014	0,014	0,001	0,001	0
	échantillon 3	0,015	0,015	0,016	0	0,001	0,001
-50°C	échantillon 2	0,015	0,016	0,016	0,001	0,001	0
	échantillon 3	0,015	0,016	0,016	0,001	0,001	0

Figure III 15: Tableau récapitulatif à -30 et -50°C des déformations de fluage au bout de 2 et 9H d'essai. Comparaison de la cinétique.

Ces résultats mettent en avant principalement deux résultats. Dans un premier temps, de très faibles écarts sur les valeurs absolues sont observés entre un fluage de deux heures et un fluage de 9 H. Les écarts entre un temps de fluage de 2 ou 9 heures étant très faibles nous pouvons considérer qu'un essai de 2H suffit à capter l'essentiel de la réponse. Dans un second temps nous remarquons qu'en terme de déformations absolues il n'y a pas d'évolution entre déformation initiale et déformation de fluage au bout de deux heures, le matériau semble donc peu sensible au fluage, même aux températures les moins contraignantes.

¤ Sensibilité à la température

Les résultats suivants sont donc issus de deux heures de fluages à différentes températures d'essai, les courbes obtenues sont présentées Figure III 16.

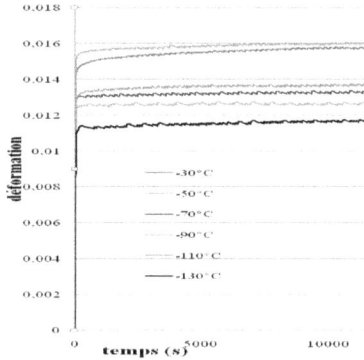

Figure III 16 : Courbes de fluages à différentes températures pour des mousses PU non fibrées. (0,8MPa ; 50 x 50 x 50 mm)

En ce qui concerne les valeurs de déformation instantanées, ces dernières varient entre 1,1% et 1,55% mais pas de façon monotone avec la température, comme l'illustre la Figure III 17. Les courbes font cependant ressortir une tendance : les courbes correspondant aux températures d'essais les plus élevées semblent plus se déformer initialement (voir les courbes des échantillons -30 et -50°C sur la Figure III), que les courbes des échantillons testés à température plus froide. Les valeurs de déformation instantanée sont ramenées à des valeurs de modules, en sachant que la contrainte appliquée est de 0,8MPa, afin de comparer avec ceux obtenus en compression monotone aux mêmes températures.

Température (°C)	εi	E équivalent (Mpa)
-30	0,0148	54
-50	0,0156	51
-70	0,0132	61
-90	0,0125	64
-110	0,0133	60
-130	0,0152	53

Figure III 17 :Valeurs de modules équivalents selon les valeurs de déformation initiale des mousses PU.

Les valeurs de modules ainsi obtenues sont plus faibles que celles trouvées précédemment lors des essais de compression monotone. De plus les résultats en compression montraient que le module était relativement dépendant de la température ce qui n'est plus le cas ici, puisque l'écart-type entre les valeurs relevées ici est faible, à savoir ± 5. Cependant sur les déformations de fluage, il semble que les mousses PU fluent plus aux températures les plus élevées, et qu'à des températures plus faibles le fluage soit moins conséquent. C'est ce que nous montre le tableau suivant :

Température (°C)	ε_{fluage} après 2H
-30	0,0012
-50	0,0007
-70	0,0002
-90	0,0002
-110	0,0005
-130	0,0003

Figure III 18: tableau récapitulatif des déformations dû au fluage en fonctions des températures d'essais.

L'influence de la température sur le comportement en fluage semble être différente de celle sur le comportement en compression monotone. Effectivement la température ne semble pas avoir d'effet direct sur le comportement initial, mais elle influe sur la suite de l'essai c'est-à-dire sur toute la partie déformation due au fluage.

◻ Recouvrabilité de la déformation

En complément de ces essais de fluage, nous avons voulu déterminer si cette déformation était recouvrable, ce qui nous permettrait de statuer sur un éventuel caractère viscoélastique de nos mousses polyuréthanes. Des essais de fluage/recouvrance ont dans un premier temps été tentés sur des échantillons dit « macroscopiques » c'est-à-dire des cubes de 50 mm de côté dans l'enceinte thermique, sur le même dispositif que les essais présentés ci-dessus. Cependant, à basse température, comme nous l'avons évoqué précédemment, il se forme un glaçon autour de la tige de déplacement de la traverse ce qui empêche celle-ci de revenir à une contrainte plus faible et constante à la fin de l'essai de fluage. Nous avons donc par la suite réalisé des essais de fluage/recouvrance sur de plus petits échantillons, c'est-à-dire des cubes de 6 mm d'arêtes en DMA. Nous verrons par la suite, dans le chapitre 4, que la cinétique de fluage est la même que sur les gros échantillons et que nous pouvons donc nous baser sur cette taille d'échantillon pour caractériser la recouvrance. La seule différence vient du fait que la force maximale pouvant être appliquée en DMA est de 8N, ce qui représente une contrainte de 0.25MPa sur nos échantillons. L'échantillon subira donc une contrainte de 0.25MPa pendant 2H puis une contrainte proche de 0N pendant 3H pour suivre la recouvrance. Ces essais seront faits à différentes températures et les résultats obtenus sont de la même forme que pour l'exemple suivant à -60°C, présenté Figure III 19.

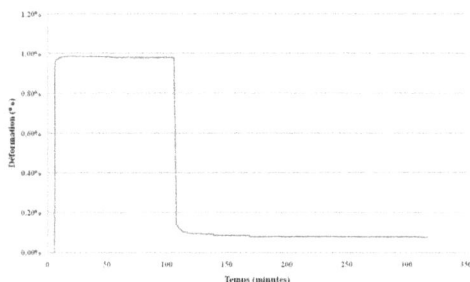

Figure III 19: Courbe d'un essai de fluage - recouvrance en DMA à -60°C sur mousse PU.

Le même type de courbe est obtenu quelque soit la température de l'essai en DMA, seule varie le taux de recouvrance. En effet plus les températures sont faibles moins le matériau retrouve son état initial, comme le montre les courbes mises en annexes. Ces résultats permettent de mettre en évidence l'existence d'une partie recouvrable sur toute la gamme de températures négatives. Cette partie recouvrable pose la question du comportement viscoélastique des mousses polyuréthanes. Toute la déformation vue par l'échantillon ne semble pas uniquement due à de l'endommagement. C'est sur la base de ces résultats que nous considérons la faisabilité d'une démarche prédictive basée sur le principe d'équivalence temps température au chapitre suivant.

A.2.3. Mousses fibrées

Quelques essais de fluages ont été menés sur mousses fibrées afin de caractériser une éventuelle différence de comportement entre ces deux types de matériaux, sur quelques températures négatives. Les essais de recouvrance n'ont pas pu être réalisés sur ce matériau, en effet la méthode de découpe des échantillons par scie à ruban, ne permettait pas d'obtenir des échantillons de petites tailles (6 x 6 x 6 mm) suffisamment propres en surfaces. De plus de par leurs petites tailles, ces échantillons n'étaient pas représentatifs du taux de fibre réelle dans le bloc de mousse. Les résultats obtenus sur quelques températures d'essais sont présentés Figure III 20.

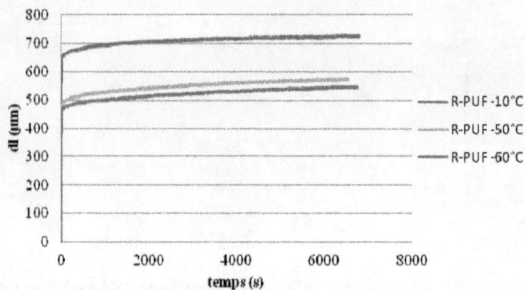

Figure III 20 : Courbes de fluages mousses R-PUF, en fonction de la température. (0,8 MPa ; 50 x 50 x 50 mm)

Comme précédemment sur les mousses PU non fibrées, il semble que le déplacement initial et donc la déformation engendrée soit dépendante de la température : plus la température est faible moins l'échantillon se déforme à l'application de la contrainte.

T (°C)	ε fluage
-10	0,0008
-50	0,0013
-60	0,0015

Figure III 21 : Tableau des déformations de fluage après 2H selon la température sur mousses R-PUF.

Les résultats sur mousses renforcées montrent un résultat totalement contradictoire avec les précédents résultats. En effet dans ce cas particulier nous observons une augmentation de la déformation de fluage quand la température diminue, alors que le phénomène inverse est noté pour les mousses non fibrées. L'hypothèse la plus probable est que les fibres de verres soient plus sensibles à la température. Nous avons vu précédemment qu'elles fragilisaient le matériau aux températures les plus froides et amplifierait la déformation de la mousse. Une autre piste pourrait venir du fait des différences des coefficients de dilatation thermique à l'interface fibre / matrice.

B. Mécanismes de déformation et d'endommagement

Dans le domaine de température et de contrainte/déformation qui intéresse plus particulièrement cette étude, ces premiers résultats font donc apparaître une sensibilité non nulle à la température du module et du domaine linéaire n'excédant pas 1 MPa.

Pour éclaircir les outils qui peuvent être mis en place pour prédire le comportement en fluage long-terme, il est utile de préciser les mécanismes de déformation et/ou endommagement activés.

L'objectif de cette partie va être de déterminer si les déformations observées aux basses températures sont principalement dues à de l'endommagement ou non, et dans le cas de la présence d'endommagement de caractériser ce dernier, que ce soit par des essais mécaniques mais aussi par des observations microscopiques permettant de mieux juger de l'impact sur la structure de notre matériau. Nous limiterons cette étude aux mousses non fibrées. Les essais se faisant aux basses températures, il est de plus nécessaire de savoir distinguer l'endommagement purement dû aux contraintes thermiques de l'endommagement mécanique. Pour cela une étude préalable sur l'impact de la température et de la mise en froid a été réalisée.

B .1. Endommagement thermique au refroidissement de l'échantillon

L'objectif est ici de caractériser l'endommagement induit par le refroidissement de l'échantillon, préalablement à l'essai mécanique. Il a été vu dans le chapitre II, que lors des essais à froid les échantillons étaient placés dans l'enceinte thermique, sur les plateaux de compression pendant 20 min avant l'essai, pour que tous les échantillons subissent la même histoire thermique, aucun échantillon ne sera placé dans l'enceinte pendant le refroidissement. En effet, si les échantillons étaient placés dans l'enceinte avant d'atteindre la température d'essai, certains resteraient plus longtemps à température avant l'essai, et de même subiraient des chocs thermiques lors de l'ouverture de l'enceinte pour le changement d'éprouvette sur l'outillage de compression.

Pour caractériser cet endommagement, des analyses au microscope électronique à balayage ont été effectuées sur plusieurs échantillons avant et après traitement thermique. Des clichés ont étés pris à des endroits faciles à repérer pour pouvoir faire une comparaison pré et post traitement, c'est-à-dire typiquement sur les arêtes et les coins.

Deux traitements thermique ont été effectués, dans le premier cas, les échantillons après un premier passage au MEB ont été directement plongés dans l'azote liquide, et ce pendant 20 minutes, ce qui correspond à un temps d'essai normalisé pour un essai de contraction thermique, afin de s'assurer que l'échantillon soit bien à température, même à cœur. Ce traitement thermique correspond plus à ce que voit un échantillon dans la DMA, où l'enceinte étant plus petite, les échantillons sont placés directement devant le flux d'azote liquide. Dans le second cas, les échantillons ont subi l'histoire thermique qu'ils auraient subis lors d'un essai mécanique sur échantillon « macro », c'est-à-dire qu'ils seront placés dans l'enceinte thermique 40 min, toujours afin de s'assurer que la globalité de l'échantillon soit à la bonne température. Ensuite, les échantillons repasseront au MEB à différents temps post traitement thermique. Cela permettra de vérifier si l'endommagement thermique est réversible ou non.

B.1.1. Premier traitement : trempe dans l'azote

Dans un premier temps des éprouvettes cubiques de mousses polyuréthanes non fibrées d'arêtes 20 mm ont été plongées dans l'azote. Cette taille d'échantillon a été choisie, car c'est la plus grande dimension d'éprouvette entière pouvant prendre place dans la chambre sous vide du MEB. Ainsi l'échantillon ne doit pas être redécoupé, ce qui perturberait l'observation de l'endommagement.

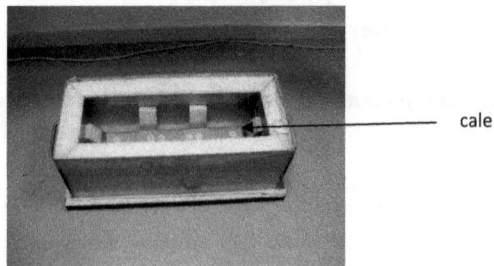

cale

Figure III 22 : Bac de trempage pour mesure de dilatation des mousses PU, avec dispositif permettant de maintenir les éprouvettes immergées dans l'azote.

Les éprouvettes sont placées dans un bac rempli d'azote servant habituellement aux mesures de dilatation. Ces bacs ont été conçus pour maintenir les éprouvettes immergées dans l'azote même après 20 minutes de trempe. (Voir Figure III 22). Ce dispositif reçoit normalement des éprouvettes de dilatation de forme rectangulaire, la cale permet donc de maintenir un échantillon de 250 x 50 x 50 mm de long. Dans notre cas nous immergerons 3 à 4 éprouvettes de dimensions 50 x 50 x 50 mm.

Les clichés comparatifs obtenus avant et après plonge dans l'azote liquide (-170°C) pendant 20 min, montrent un net changement de morphologie des arêtes et des coins, ce que montre la figure suivante :

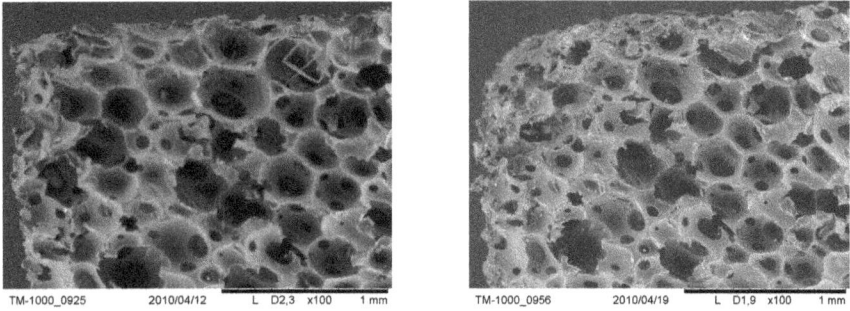

Figure III 23 : Observations MEB d'un angle d'éprouvette de mousse PU, a) avant traitement, b) après traitement thermique et 2H d'attente à température ambiante.

Sur ces clichés, la présence d'une contraction thermique sur les arêtes est nettement visible, notamment sur la première couche de cellules représente une épaisseur d'environ 350µm d'épaisseur en moyenne. Dans cette couche, les parois des cellules apparaissent très fragmentées. Sur les angles cette contraction thermique est encore plus importante, avec une modification de géométrie de l'éprouvette dans cette zone ; après traitement, l'angle est beaucoup plus « arrondi ».

B.1.2. Deuxième traitement : mise en température dans l'enceinte à froid

Les éprouvettes testées ici sont toujours des cubes de mousses polyuréthanes sans fibres, d'arêtes 20 mm, pour les mêmes raisons que celles évoquées précédemment. Ici les cubes ont été placés dans l'enceinte thermique s'adaptant au dispositif d'essai en compression, et directement entre les mors de compression (voir Figure III 24), puisqu'ils seront disposés un par un selon cette procédure lors des essais mécaniques destinés à caractériser l'endommagement mécanique.

Figure III 24: Enceinte thermique allant jusqu'à -170°C, et disposition d'une éprouvette.

Les résultats présentés ici correspondent à des échantillons placés dans l'enceinte à -90°C. Une fois cette température atteinte dans l'enceinte, un temps de latence de 40 minutes est demandé avant de placer l'échantillon, afin d'être sûr d'avoir une température stable dans toute l'enceinte. L'échantillon restera 40 min dans l'enceinte avant d'en être sorti, pour que l'éprouvette prenne la température même à cœur. Les observations sont faites avant traitement (Figure III 25 a)) et deux heures après sortie de l'enceinte (Figure III 25 b)) puis 24H plus tard (Figure III 25 c)).

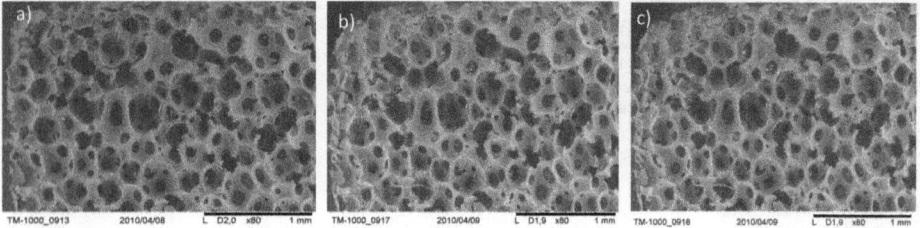

Figure III 25: Clichés MEB sur mousse PU a) avant traitement thermique, b) 2H après sortie d'enceinte à -90°C, 24H après sortie d'enceinte a -90°C.

De la même façon qu'auparavant un écrasement de la première couche de cellules est observé ainsi qu'une augmentation de l'endommagement aux coins, où la concentration de contraintes thermiques est plus importante. De plus, il n'existe pas de différence notable entre le cliché à sortie de l'enceinte et celui 24H plus tard, l'effet thermique créé par cette mise en température semble donc irréversible. Cet endommagement est de l'ordre d'un problème de structure, comme un effet de bords dû à la température, car cela n'induit pas une modification de la structure du matériau dans son ensemble. De plus la profondeur d'endommagement est équivalente de celle observée après trempage à -170°C. Entre ces deux températures il ne semble pas y avoir de différence d'influence. Cela laisse supposer qu'à partir d'une certaine température, il se crée un endommagement sur la première couche de cellule de l'éprouvette.

B.1.3. Conséquence sur la déformation ultérieure

Le bilan de ces essais sur l'endommagement thermique permet de mieux appréhender l'influence de la température sur la structure des échantillons avant même toute sollicitation mécanique. Tout d'abord, il existe bel et bien un endommagement purement thermique, et ce quelque soit le mode de refroidissement expérimenté : trempe ou placement dans l'enceinte en température. Dans les deux cas, la première couche de cellules de l'échantillon est toujours touchée, ainsi que les bords. Cette étude a été généralisée sur plusieurs séries d'essais effectuées entre -20 et -170°C. Les mêmes observations ont été faites sur toutes les éprouvettes, à savoir un écrasement de la première couche sur une valeur moyenne de 350µm, et dans les angles un écrasement moyen de 380µm.

Les mêmes essais ont été menés sur des échantillons de plus petite taille. Il n'a pas été possible de tester des échantillons de plus grande dimension, car cela aurait sous-entendu une découpe de l'échantillon avant passage au MEB, et donc une autre cause d'endommagement. Sur ces échantillons des résultats similaires en terme d'épaisseur d'endommagement ont été trouvés. Puisque la profondeur d'endommagement n'évolue pas en fonction de la dimension de l'échantillon, la taille des éprouvettes va donc être un facteur important sur la déformation totale de l'éprouvette. En effet, si l'écrasement de 350μm sur la première couche provoque une déformation de 0.80% sur une éprouvette de 50mm de côté, sur une éprouvette de 6mm cela représentera 6% de la déformation. La Figure III 26 récapitule les valeurs de déformation induites par l'endommagement d'origine thermique au cours d'un essai de compression ultérieur.

taille arête (mm)	déformation endommagement 1ère couche
6	6%
20	2%
30	1,30%
40	1%
50	0,80%

Figure III 26: Tableau récapitulatif de la déformation engendrée par l'endommagement thermique en fonction de la taille de l'éprouvette.

Nous avons vu précédemment, lors des essais de fluage notamment, une différence de déformation initiale lors des essais en température. Une des hypothèses était que l'échantillon ne subissait pas la même contraction thermique selon la température. Or il vient d'être montré que quelque soit la température de l'essai, l'épaisseur de l'endommagement crée est toujours équivalente, et vaut environ 350μm, soit l'épaisseur d'une couche de cellules. Il est possible que cette première couche de cellule soit peu résistante, et puisse affecter en avalanche la tenue des couches voisines, et ainsi de suite, comme ce qui a été montré en compression monotone, (voir chapitre I). Cependant il est difficile de quantifier ce phénomène.

D'autre part, les images prises 24H après traitement thermique ne montrent pas de différence notable sur la profondeur d'endommagement par rapport aux clichés pris directement après le traitement thermique. Cela met en avant que cet endommagement initial purement dû aux contraintes thermiques, n'est pas visqueux. Il est raisonnable de conclure qu'il n'interférera pas avec l'évolution temporelle en compression monotone ou en fluage. Quels que soient les essais réalisés à basses températures, il y aura toujours un pré-endommagement purement thermique, d'un ordre d'épaisseur équivalent à une couche de cellule. Cet endommagement thermique étant toujours présent, il est difficile de mesurer de façon intrinsèque le comportement, mais la déformation totale pourra s'écrire comme la somme de la déformation thermique et de la déformation mécanique.

Pour compléter cette étude sur l'endommagement thermique, des analyses de compressions monotones à température ambiante ont été réalisées après cyclage thermique. Trois cubes de mousse polyuréthane non fibrée, d'arête 50 mm sont testés. L'échantillon de référence ne subit aucun traitement thermique. Le second est refroidi dans l'enceinte thermique à -70°C, puis revient à température ambiante, avant d'être testé. Le troisième est refroidi à -90°C avant d'être testé, lui aussi à température ambiante. Les courbes obtenues de contraintes/déformations sont données Figure III 27.

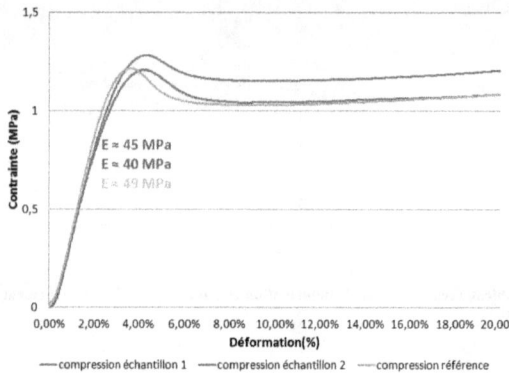

Figure III 27 : Courbes de compression monotone à T°ambiante après différents cyclages thermiques. En vert : courbe de référence, en bleu : après traitement à -70 °C, en rouge : après traitement à -90°C (cube de 50 mm d'arête, vitesse de déplacement : 2 mm/min).

Les écarts observés, bien qu'assez faibles et proches des barres d'erreur à température ambiante (barre d'erreur donnée au chapitre IV, Figure IV 9), semblent montrer que l'effet thermique n'est pas réversible. En effet, une légère perte des propriétés mécaniques (rigidité) est observée lors des compressions monotones à température ambiante.

B.2. Discussion sur la nature de la déformation mécanique mesurée

B.2.1. Objectif et démarche

Nous avons vu que, même à très basse température, une déformation retardée peut être mesurée. La nature de cette déformation est une question ouverte. S'agit-il de viscosité et/ou d'endommagement progressif ?

L'objectif de ce paragraphe va donc être d'essayer de caractériser et de quantifier, un éventuel endommagement sur les mousses PU non fibrées, et de savoir quelles vont être les répercussions de celui-ci sur leur résistance et leur domaine d'application. Nous allons nous intéresser à l'état de l'échantillon après une compression monotone mais également après plusieurs cycles à niveaux de chargements croissants, pour accentuer un éventuel dommage.

B.2.2. Protocole expérimental

Le principe de l'essai consiste dans un premier temps à se référer aux précédents essais de compressions monotones à différentes températures négatives. Sur ces essais plusieurs échantillons avaient été testés pour chaque température, cela va nous permettre ainsi pour chaque température d'évaluer le niveau de contrainte correspondant au plateau. Par la suite des essais de compressions répétées à différents niveaux de contrainte, à savoir avant, pendant et après la contrainte de plateau, vont pouvoir être réalisés. Pour chaque température 5 éprouvettes seront testées pour s'assurer de la reproductibilité des résultats.

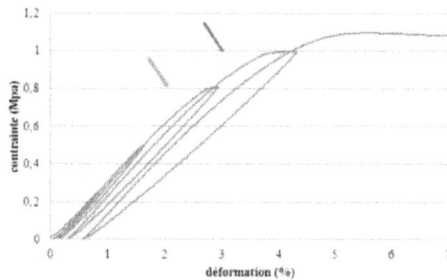

température	contrainte (MPa)	pente
amb	0.5	0.316
	0.7	0.322
	1	0.321
	1.24	0.295
-30°C	0.7	0.382
	1	0.401
	1.3	0.399
	1.5	0.373
	1.7	0.269
-70°C	0.7	1.662
	1	1.77
	1.4	1.76
	1.6	1.72
	1.8	1.84
-90°C	0.7	0.464
	1	0.483
	1.5	0.482
	2	0.471
	2.2	0.379
-170°C	0.7	0.705
	1	0.736
	1.5	0.731
	2	0.729
	2.2	0.712
	2.4	0.485

Figure III 28: Niveaux de contraintes par température, en jaune pré endommagement, en orange seuil d'endommagement, en rouge post endommagement. A droite : courbe typique des essais réalisés.

Les 5 éprouvettes seront référencées de A à E. Les éprouvettes A et B verront la totalité des cycles de compressions, soit 5 niveaux de charges, alors que le C ne verra que le premier, puis sera destiné à des observations micrographiques ou tomographiques. L'échantillon D verra deux ou 3 cycles de charge mais ne dépassera pas la contrainte seuil préalablement définie pour chaque température. Et enfin, l'éprouvette E verra au moins 4 cycles pour atteindre la contrainte seuil : cette éprouvette sera donc théoriquement la plus endommagée. Le but va être de déterminer à partir de quel niveau de contrainte l'échantillon voit de l'endommagement, c'est-à-dire à partir de quel moment l'échantillon perd une partie de ses propriétés mécaniques et quelles en sont les origines. Les essais réalisés ne sont cependant pas assez serrés dans la gamme des niveaux de contraintes pour pouvoir déterminer quantativement ce résultat.

Pour chaque niveau (schématisé par des flèches de couleurs Figure III 28) des clichés MEB seront effectués de préférence sur les mêmes zones de prélèvement, à savoir dans un angle pour avoir le plus de surfaces « propres », c'est-à-dire découpées à la scie ; ou bien sur des zones où de l'endommagement sera visible à l'œil nu, comme des apparitions de fissures. Les observations se feront majoritairement sur des arêtes pour s'affranchir de l'endommagement dû à la découpe. Par contre, chaque observation nécessitera un nouvel échantillon, puisque le prélèvement est destructif.

Figure III 29: Quadrillage réalisé sur un cube de mousse PU de 50 mm d'arête et représentation schématique.

Les éprouvettes destinées à cette série d'essai seront au préalable « préparées ». En effet un quadrillage sur les surfaces visibles de l'éprouvette va être réalisé à la main (Voir Figure III 29). Les échantillons sont des cubes de 50mm d'arêtes, et un quadrillage tous les centimètres va être tracé. Ce repère va nous permettre de savoir quelle zone de l'échantillon il faudra prélever pour les observations MEB (tailles maximum de 20mm d'arêtes, et de tomographie où la taille maximale est de a = 10mm).

Dans le même temps, l'évolution de module à chaque début de charge sera suivi.

B.2.3 Résultats

◻ *Evolution du module à la charge*

Quelle que soit la température d'essai, les mêmes constatations ont pu être effectuées. A savoir que, sur la première mise en charge, les valeurs de modules obtenues sont généralement plus faibles que les charges suivantes, alors que pour les deux charges suivantes les modules sont comparables (Voir

Figure III 30 et annexe). Une des hypothèses les plus probables pour expliquer ce phénomène serait que lors de la mise en charge du premier cycle de compression, la première couche haute et basse de l'éprouvette s'écrase, et une fois écrasée le module reste stable jusqu'à atteindre un endommagement suffisant pour provoquer sa chute. Les résultats sont données pour les échantillons A et B car ce sont les seuls à avoir vu la totalité des cycles, comme expliqué précédemment.

T°	échantillon	cycle de charge	contrainte max.	module (Mpa)
-30°C	A	1	0,7	38
		2	1	42
		3	1,3	40
		4	1,4	39
		5	1,5	25
	B	1	0,7	37
		2	1	43
		3	1,3	42
		4	1,4	42
		5	1,5	38

Figure III 30: Tableau des valeurs de modules en fonction des cycles de charges vu par l'éprouvette.

Cependant les résultats montrent une relative stabilité du module, ce qui peut plaider pour une faible viscosité, auquel cas le module évoluerait avec le temps.

Sur les essais réalisés à -30°C, les premiers essais de compressions monotones ont permis de déterminer que la contrainte au plateau se situait entre 1,4 et 1,5MPa. Les cycles de charges pour ces essais de compressions répétées incluent donc ces deux niveaux de contraintes, et on observe effectivement au passage de 1,4 à 1,5 MPa une diminution du module. De plus, sur la courbe de contrainte-déformation, Figure III 31, nous voyons qu'entre ces deux cycles, l'éprouvette ne revient pas à son état initial en terme de déformation. La Figure III 31 nous montre aussi que la contrainte imposée dans le programme, à savoir 1,5 MPa n'est pas atteinte par le matériau.

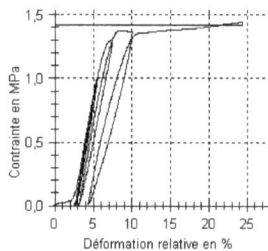

Figure III 31 : Graphique contrainte-déformation à -30°C.

En effet, il se pourrait qu'a cause de la variabilité expérimentale, la contrainte au plateau ne soit pas à 1,5 MPa comme nous l'avons déterminé mais plutôt à 1,35 MPa, ce qui expliquerait pourquoi le niveau de charge demandé ne peut être atteint.

Afin de déterminer quels sont les mécanismes en jeu, les éprouvettes suivantes vont subir différents cycles de compressions puis seront découpés pour être observées au MEB.

De plus, les dimensions de l'échantillon seront suivies, ce qui permettra de voir s'il y a un éventuel retour en déformation, éventuellement induit par les propriétés viscoélastiques du matériau.

◻ *Suivi dimensionnel*

Pour mieux appréhender ces phénomènes et mécanismes d'endommagement, un suivi dimensionnel des dimensions des éprouvettes, avant et après essai, a été réalisé sur les échantillons C, D et E. Dans le cas particulier des éprouvettes testés à -30°C, nous obtenons les valeurs suivantes :

échantillons		initial	sorti enceinte	Δini	20 min	Δini	40 min	Δini
								-30°C'
C	Epaisseur (mm)	50,02	49,83	0,19	49,95	0,07	49,97	0,05
	Largeur (mm)	50,2	50,2	0	50,21	-0,01	50,22	-0,02
	Longueur (mm)	50,21	50,22	-0,01	50,22	-0,01	50,24	-0,03
	Masse (g)	13,9102	13,9125	-0,002	13,9123	-0,002	13,9118	-0,002
D	Epaisseur (mm)	50,05	49,82	0,23	49,98	0,07	50,02	0,03
	Largeur (mm)	50,07	50,03	0,04	50,1	-0,03	50,09	-0,02
	Longueur (mm)	50,15	50,12	0,03	50,2	-0,05	50,19	-0,04
	Masse (g)	13,9549	13,9726	-0,018	13,9597	-0,005	13,9575	-0,003
E	Epaisseur (mm)	50,02	49,25	0,77	49,61	0,41	49,69	0,33
	Largeur (mm)	49,98	50,02	-0,04	50	-0,02	50,06	-0,08
	Longueur (mm)	50,07	50,1	-0,03	50,08	-0,01	50,07	0
	Masse (g)	13,6344	13,6535	-0,019	13,6349	-5E-04	13,6339	0,0005

HR = 50,9%

Figure III 32 : Tableau du suivi dimensionnel (en mm) et des masses (en g) des éprouvettes d'un essai de compression répétée à -30°C.

Les mesures sont donc réalisées à la sortie de l'enceinte directement en fin d'essai, puis 20 min et 40 min après la fin de l'essai, dans la salle d'essais mécaniques qui est à température et humidité contrôlées.

Pour les éprouvettes C et D, qui sont arrêtées avant la contrainte du plateau, il est constaté une quasi reprise des dimensions initiales 20 min après la sortie de l'enceinte. Peu de variations sont observées entre 20 et 40 min après la sortie de l'éprouvette de l'enceinte. En ce qui concerne la reprise dimensionnel 20 min après la sortie de l'enceinte, nous avons montré précédemment, dans le paragraphe sur l'endommagement thermique que celui-ci était irréversible. D'autres phénomènes que l'endommagement thermique entrent donc en jeu, pour expliquer cette reprise. L'hypothèse la plus probable semble être un retour viscoélastique. Ce retour est beaucoup plus faible pour l'éprouvette E, qui est la seule éprouvette à avoir atteint la contrainte au plateau. Cela se vérifie quelque soit la température d'essai, comme le montrent les tableaux suivants (Figure III 33, Figure III 34, Figure III 35) :

échantillons	-70°C'							
		initial	sorti enceinte	Δini	20 min	Δini	40 min	Δini
A	épaisseur	50,05	49,91	0,14	50,01	0,04	50,04	0,01
	largeur	50,16	50,08	0,08	50,15	0,01	50,17	-0,01
	longueur	50,07	49,98	0,09	50,06	0,01	50,06	0,01
	masse	13,837	13,9274	-0,09	13,8562	-0,019	13,844	-0,007
B	épaisseur	49,89	49,74	0,15	49,85	0,04	49,86	0,03
	largeur	49,94	49,86	0,08	49,94	0	49,94	0
	longueur	50,1	49,97	0,13	50,1	0	50,1	0
	masse	13,5365	13,643	-0,107	13,5561	-0,02	13,5459	-0,009
C	épaisseur	50,09	47,74	2,35	48,25	1,84	49,86	0,23
	largeur	50,23	50,78	-0,55	50,19	0,04	50,19	0,04
	longueur	50,07	50,41	-0,34	50,23	-0,16	50,09	-0,02
	masse	13,928	14,0721	-0,144	13,8563	0,0717	13,5317	0,3963

HR=49,9%

Figure III 33 : Tableau de suivi dimmensionnel (en mm) et des masses (en g), des éprouvettes pour un essai de compressions répétées à -70°C.

échantillons	-90°C'							
		initial	sorti enceinte	Δini	20 min	Δini	40 min	Δini
A	épaisseur	50,08	49,82	0,26	49,99	0,09	49,99	0,09
	largeur	50,04	49,9	0,14	50,04	0	50,05	-0,01
	longueur	50,05	49,96	0,09	50,04	0,01	50,08	-0,03
	masse	13,674	13,7659	-0,0919	13,683	-0,009	13,676	-0,002
B	épaisseur	49,98	49,65	0,33	49,81	0,17	49,86	0,12
	largeur	50,01	49,94	0,07	49,99	0,02	50,01	0
	longueur	50,25	50,13	0,12	50,23	0,02	50,26	-0,01
	masse	13,7492	13,8493	-0,1001	13,755	-0,0058	13,7475	0,0017
C	épaisseur	50,03	49,07	0,96	49,46	0,57	49,72	0,31
	largeur	50,1	50,02	0,08	50,05	0,05	50,08	0,02
	longueur	50,21	50,18	0,03	50,2	0,01	50,23	-0,02
	masse	13,7521	13,9037	-0,1516	13,8236	-0,0715	13,734	0,0181

HR = 52,4%

Figure III 34 : Suivi dimensionnel (en mm) et des masses (en g), des éprouvettes pour un essai de compressions répétées à -90°C.

échantillons		\multicolumn{8}{c}{-170°C'}							
		initial	sorti enceinte	Δini	20 min	Δini	40 min	Δini
A	épaisseur	50,14	49,82	0,32	50,04	0,1	50,09	0,05
	largeur	50,09	49,87	0,22	50,05	0,04	50,08	0,01
	longueur	50,24	50,1	0,14	50,24	0	50,25	-0,01
	masse	13,9023	14,0068	-0,1045	13,9202	-0,0179	13,912	-0,0097
B	épaisseur	50,1	49,76	0,34	50,06	0,04	50,05	0,05
	largeur	50,08	49,8	0,28	50,07	0,01	50,12	-0,04
	longueur	50,26	49,9	0,36	50,11	0,15	50,21	0,05
	masse	13,7124	13,8013	-0,0889	13,724	-0,0116	13,7179	-0,0055
C	épaisseur	50,11	49,69	0,42	49,96	0,15	50,12	-0,01
	largeur	50,17	49,78	0,39	49,78	0,39	50,15	0,02
	longueur	50,2	49,95	0,25	49,95	0,25	50,21	-0,01
	masse	13,878	13,9711	-0,0931	13,9711	-0,0931	13,8789	-0,0009

HR = 50,9%

Figure III 35 : Suivi dimensionnel (en mm) et des masses (en g), des éprouvettes pour un essai de compression répété à -170°C.

Une précaution est néanmoins à prendre, les mousses étant extrêmement sensibles à l'humidité, notamment quand celle-ci dépasse les 60%, il est important de noter l'humidité de la pièce lors des mesures de dimensions, afin de s'assurer que la reprise en volume ne soit pas uniquement due à des reprises en humidité des mousses polyuréthanes. Lors de ces essais l'humidité relative était relativement stable, ce qui permet d'estimer que sur cette série l'influence de l'humidité était moindre.

Sur les essais de compressions répétées, il a été montré que nous observions à la fois une chute de module à partir du troisième cycle de chargement ce qui pourrait correspondre à de l'endommagement non réversible. Cependant, la seule chute de module ne permet pas de séparer des phénomènes viscoélastiques de phénomènes d'endommagement, de plus lors du suivi dimensionnel des éprouvettes post-essais (Figure III 32 à Figure III 35), un retour en dimension est constaté. En effet, tant que la contrainte au plateau n'est pas atteinte, l'échantillon retrouve quasiment ses dimensions initiales.

Pour tenter de mieux comprendre les mécanismes de déformations et ou d'endommagement, des observations microscopiques et tomographiques ont donc étés réalisées, après ces essais aux différentes températures et seuils de charges.

□*Visualisation de l'endommagement*

Avant d'observer les échantillons testés en compressions répétées au MEB, des observations ont été faites sur un échantillon de mousse PU ayant subit une compression monotone jusqu'à 60 % de déformation. Nous sommes ainsi certains d'être en présence d'endommagement. Les photos obtenues par MEB sont données Figure III 36 :

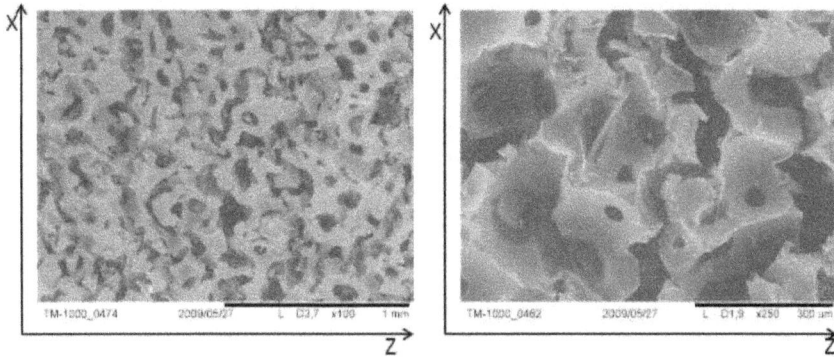

Figure III 36 : Visualisation au MEB de l'endommagement des cellules, après compression monotone à température ambiante. A gauche vue d'ensemble sur la surface de l'éprouvette, à droite : grossissement sur une zone effondrée.

Dans ce cas précis, l'effondrement des cellules est clairement observable, les parois des cellules sont cassées, et il apparait des zones d'effondrement et de fissuration. Ces images nous permettent d'identifier et de visualiser la nature de l'endommagement sur la structure cellulaire de la mousse polyuréthane non fibrée.

Sur la majorité des éprouvettes testées en compression cyclée, aucune trace d'endommagement n'est visible à l'œil nu. Dans ce cas, un cube de 20mm d'arête sera prélevé sur un angle de l'éprouvette initiale avant d'être observé plus précisément au MEB, pour éventuellement visualiser un écrasement de parois ou une fissure. Dans de cas plus rare, et plus sévères, par exemple au plateau à -90°C, il arrive de pouvoir détecter à l'œil nu des zones plus endommagées que d'autres avec notamment l'apparition de fissures que l'on ne voyait pas pour des niveaux de contraintes plus faibles. C'est ce que nous pouvons constater sur la Figure III 37:

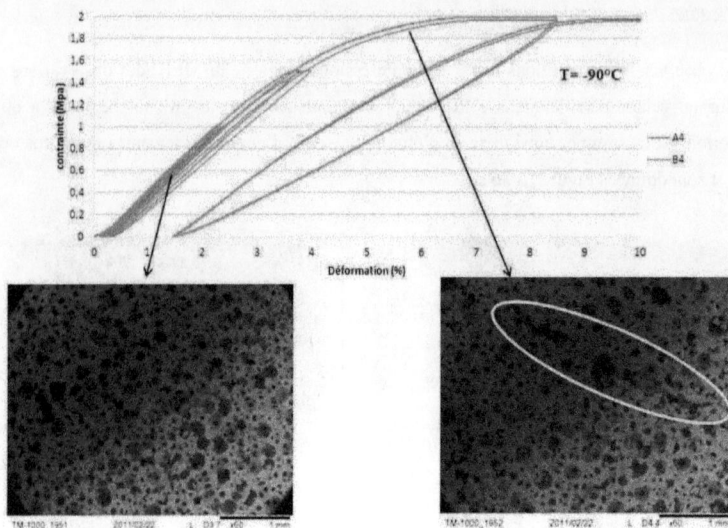

Figure III 37: Courbe contrainte - déformation pour un essai à -90°C, et images MEB correspondant à différents niveaux de chargement. Entouré en jaune : apparition d'une fissure.

Dans ce cas précis, il semblerait que nous sommes en présence d'un endommagement non réversible par fissuration, qui est atteint probablement lors du dernier cycle de chargement. Cependant nous ne pouvons pas déterminer précisément à partir de quel moment cet endommagement apparait et si celui-ci est valable dans tout le volume ou non, c'est en cela que des analyses complémentaires en tomographie seront intéressantes. Elles permettront éventuellement de voir la propagation dans le volume d'un éventuel endommagement, et de savoir à partir de quand celui-ci se prononce.

Le tomographe a, tout comme la DMA et le MEB, une capacité limité en gamme de taille d'échantillon. Il faudra donc prélever une zone d'observation qui sera un cube de 10 mm de côté. Quand une zone apparaitra endommagée à l'œil nu, le cube de 10 mm de côté sera prélevé préférentiellement dans cette zone. Sinon, par souci de facilité, le cube sera prélevé dans un angle afin d'avoir le plus de surfaces « propres », c'est-à-dire n'ayant vu d'autres découpes que celles initiales.

Nous cherchons donc à observer l'apparition de fissures, et/ou d'affaissement de cellules sur les coupes dans les trois plans. Dans un premier temps, des analyses comparatives ont été menées sur deux échantillons, avec un historique totalement différent. Dans le premier cas un échantillon ayant été testé à la température la plus contraignante, c'est-à-dire à -170°C, avec un niveau de charge qui dépasse la contrainte de plateau. Dans cet échantillon, il serait donc logique d'observer des phénomènes d'endommagement tel que la fissuration ou l'écrasement de cellules. Dans le second cas,

109

un échantillon vierge de toutes contraintes, qu'elles soient thermiques ou mécaniques sera observé. Cela permettra de déterminer ce qui est de l'ordre des défauts micro structuraux, et ce qui est réellement dû à de l'endommagement si cela est possible.

Les deux essais ont été réalisés exactement dans les mêmes conditions d'acquisition d'images et de reconstruction. Les échantillons sont toujours positionnés de la même façon dans le tomographe, à savoir dans le sens ou les échantillons ont été testés, dans la direction Z.

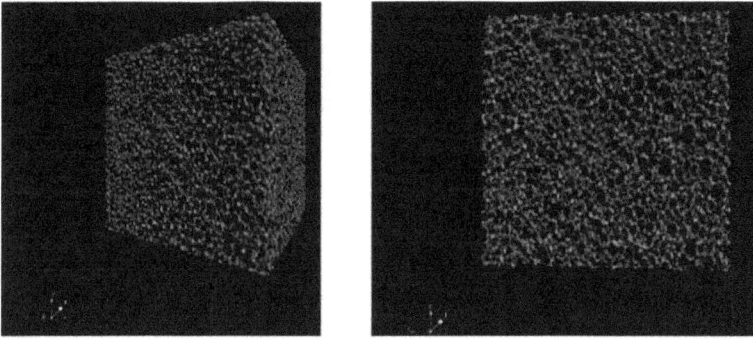

Figure III 38: Images issues de la reconstruction 3D en tomographie, d'une mousse PU testée à -170°C et à niveau de charge supérieur à la contrainte de plateau.

Sur les images ci-dessus (Figure III 38), est entouré en rouge ce qui apparait comme des fissures à +/- 45°, ce qui pourrait correspondre à de l'apparition d'endommagement en cisaillement suite à la sollicitation en compression. Pour être sûr de ces observations, et que ce que l'on observe est bien de l'endommagement, un échantillon non contraint thermiquement ou mécaniquement est également analysé.

Sur les coupes de la Figure III 39, des zones qui ressemblent à de la fissuration sont également observées. Cela semble peu probable, étant donné que cet échantillon n'a pas été déformé. Ce qui est donc observé pourrait être de la percolation de cellules et non de la fissuration. Ces résultats mettent en doute les précédentes observations, sur l'échantillon soumis à une contrainte dépassant le seuil et à -170°C.

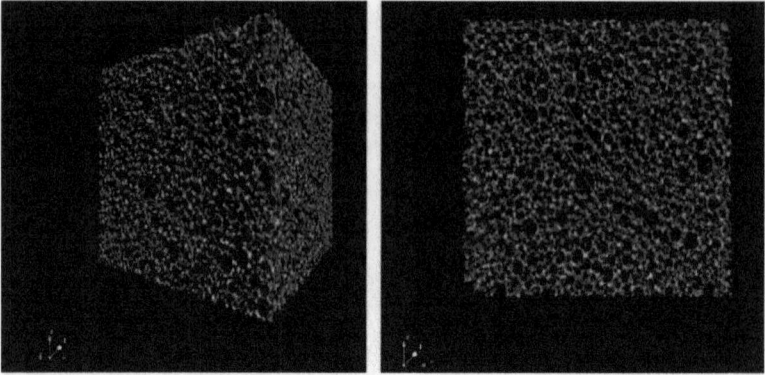

Figure III 39: Images issues de la reconstruction 3D en tomographie, d'une mousse PU non testée.

En effet les observations étant similaires sur ces deux échantillons aux histoires thermiques et mécaniques complètement opposées, il n'est pas possible de conclure nettement sur la visualisation de l'endommagement dans les mousses PU. Il se pourrait que la résolution du tomographe de l'étude, 1 pixel = 11 μm, ne soit pas assez fine pour visualiser et quantifier l'endommagement sur la paroi des cellules.

A défaut de pouvoir donner plus d'information sur l'endommagement présent dans les mousses polyuréthanes, cette analyse aura permis une analyse plus fine de la structure cellulaire du matériau, et notamment des disparités de la taille des cellules dans un même échantillon. Cette disparité dans la taille des cellules peut elle aussi être une hypothèse dans la propagation d'endommagement et de fissuration, car sur les reconstructions faites, il semblerait que ce qui apparait comme étant des fissures soit toujours proche de cellules de tailles plus importantes.

Il serait intéressant ultérieurement de faire ces mêmes analyses sur un tomographe avec une résolution beaucoup plus fine, afin de déterminer ce qu'il se passe réellement au sein des parois constitutives d'une cellule, pour peut être mieux quantifier les phénomènes d'endommagement et les mécanismes en jeu.

B.2.4 Conclusion

Les résultats purement mécaniques montrent lors des essais de compressions répétées qu'il y a bien apparition d'un niveau de contrainte menant à de l'endommagement ce qui se traduit par une perte des propriétés mécaniques. Cependant cet endommagement intervient à un certain seuil de déformation qui dépasse les niveaux de déformations observées en fluage. De plus lors des suivis des analyses dimensionnelles et des contrôles par imageries microscopiques et tomographiques, un retour des dimensions est pourtant observé lorsque la contrainte de plateau n'est pas atteinte. Ce retour ne peut être expliqué par des phénomènes de reprises thermiques puisque nous avons montré que l'endommagement thermique était lui irréversible. Une des hypothèses les plus probable serait un retour visqueux du matériau, ce qui serait également en accord avec la recouvrance lors des essais de fluages réalisés aux différentes températures.

Lors des premiers cycles en compression répétées, si l'endommagement est présent il est sûrement très localisé ce qui ne permet pas forcément de le visualiser en micrographie ou en tomographie. D'autant plus que le tomographe utilisé ne permet pas de détecter l'épaisseur des parois de cellules. Or si l'endommagement est localisé, il est fort possible que ce soit dans les parois des cellules et non sur une zone ou une couche de cellules, donc beaucoup plus difficile à capter dans nos conditions d'essais.

Endommagement et viscoélasticité semble coexister dans ce matériau, mais avec nos moyens d'essais actuels nous n'avons pu quantifier lequel de ces deux phénomènes prédominait.

C. Conclusions

La synthèse de cette étude à froid montre que, plus la température d'essai est faible, plus le matériau se rigidifie. Ce résultat vaut aussi bien pour les mousses non fibrées que pour les mousses fibrées. Si cette rigidification s'observe aussi en fluage sur les mousses non fibrées, on observe le comportement totalement inverse sur les mousses renforcées qui elles se déforment plus en fluage aux basses températures. Cela peut venir d'une fragilisation due aux fibres qui va favoriser la déformation des mousses R-PUF. Le comportement de ces deux matériaux est gouverné et influencé par la température, mais ils n'y réagissent pas de la même manière.

De plus nous avons pu mettre en avant, dans le cas des mousses non fibrées, l'existence d'un endommagement purement thermique, qui a pour principal effet d'écraser la première couche de cellule sur une épaisseur d'environ 350µm. L'effet de l'endommagement thermique est d'autant plus important sur les angles de nos éprouvettes. Cet endommagement thermique sera donc à prendre en compte dans tous les résultats d'essais faits à basses températures. En ce qui concerne l'endommagement mécanique, il a été constaté une chute de module une fois un certain seuil de contrainte étant atteint ; la valeur de ce seuil dépend de la température d'essai. Cette chute de module semble donc traduire un endommagement, que nous avons voulu identifier et quantifier grâce à des analyses tomographiques post essai. Cependant les résultats de ces analyses ne sont pas concluants, les différences d'observations entre échantillon endommagé et non endommagé n'étant pas flagrantes. Il se pourrait cependant que la résolution de nos analyses ne soit pas suffisante pour retranscrire l'endommagement présent dans les parois des cellules des mousses PU.

Quand au fluage nous avons pu mettre en avant qu'il existait une partie de la déformation qui était recouvrable, ce qui nous permet de penser qu'il existe un comportement viscoélastique dans nos matériaux. De ce fait endommagement et viscoélasticité coexistent certainement dans nos matériaux.

Chapitre IV : Etude d'une méthode de prédiction long terme du comportement en fluage.

A. Introduction

Le principe d'équivalence temps-température est très largement utilisé dans la littérature pour prédire le comportement long terme de polymères massifs viscoélastiques. Dans notre cas du comportement en fluage, les niveaux de déformations sont très faibles, ce qui est donc susceptible d'impliquer principalement des mécanismes de déformations locaux dans les parois des cellules. Il est donc légitime d'examiner une approche de type matériau massif basée sur ce principe.

Ce principe d'équivalence temps – température permet d'accélérer le temps par élévation de température. Une application classique consiste à construire une courbe maîtresse à partir d'un faisceau de courbes obtenu sur une gamme de temps ou de fréquence limitée.

Pour appliquer cette méthode, certaines conditions doivent être appliquées.

¤ Dans un premier temps, une condition assez générale concerne le domaine de température sur lequel ce principe va être appliqué. Il est nécessaire de ne pas franchir de température de transition du matériau, et d'avoir sur toute la gamme de température l'activation des mêmes mécanismes de déformation. Une fois cette plage de température fixée, la méthode pourra se décliner sur différents types d'essais, parmi lesquels nous retrouverons dans ce chapitre le fluage macroscopique (c'est à dire une série d'essais au même niveau de contrainte) et des essais en DMA. Nous allons donc dans un premier temps étudier le comportement des mousses polyuréthanes sur une large gamme de température comprise entre -170°C et +180°C afin de déterminer sur quelle plage les mêmes mécanismes de déformation sont mis en jeu, et ainsi sur quelle plage nous allons pouvoir appliquer ce principe.

¤ Dans un second temps, une deuxième condition plus spécifique devra être remplie. Cette dernière est liée au type d'essais mis en place et notamment aux essais de DMA qui est un des outils les plus simple et rapide pour mettre en place cette équivalence temps – température. Le fait de travailler avec cet équipement nous impose une taille d'échantillons beaucoup plus faible que celle utilisée habituellement pour la caractérisation mécanique de ces mousses. En effet, la taille d'un cube testé en compression est normée et validée par le client comme étant un cube de 50 x 50 x 50 mm. Dans le cadre de cette étude de faisabilité de prédiction du comportement long terme des mousses polyuréthanes via le principe d'équivalence temps-température, nous devons donc nous assurer que les échantillons qui seront utilisés en DMA pour le principe d'équivalence temps – température seront bien représentatifs du comportement global de nos mousses PU. C'est pour cela qu'une étude sur les effets d'échelles est menée dans cette partie.

117

Enfin, nous verrons comment mettre en place en fonction des résultats précédents cette démarche et cette méthode de prédiction, et nous conclurons enfin sur la faisabilité de cette démarche.

B. Détermination d'un domaine de température accessible pour la prédiction long terme

Le but de cette étude préliminaire est de définir sur quelle gamme de température les mécanismes de déformations des mousses polyuréthanes seront les mêmes, afin de pouvoir par la suite, mettre en place l'outil de prédiction long terme basé sur le principe d'équivalence temps – température et sur la construction de courbes maitresses. Le fait d'avoir les mêmes mécanismes de déformation en jeu suppose notamment de ne pas entrer dans une plage de température où le matériau subit des transitions. Nous allons donc dans un premier temps identifier les domaines de transition de la mousse PU étudiée.

B.1. Identification des transitions

B.1.1. Protocole expérimental

Pour cela nous avons réalisé des essais de DMA en compression, sur échantillons cubiques de dimensions 6 x 6 x 6 mm. La plage de température balayée sera comprise entre -170°C et 180°C. L'essai sera réalisé à une fréquence de 1 Hz et en imposant une amplitude de déformation. De la même façon que pour les autres caractérisations mécaniques, les échantillons sont préalablement stockés en environnement contrôlé en température et en humidité avant essais. La descente en température n'est pas contrôlé dans les résultats présentés, l'échantillon est placé dans l'enceinte de la DMA, un flux d'azote est alors injecté en continu jusqu'à obtention de la température initiale de l'essai souhaité. Dans notre cas la température initiale a été fixée à -170°C ; l'essai et l'enregistrement des données commenceront à cette température. Nous nous intéresserons ici principalement à la courbe du module de conservation E' en fonction de la température.

B.1.2. Observations sur les courbes

Le type de courbe obtenu est le suivant :

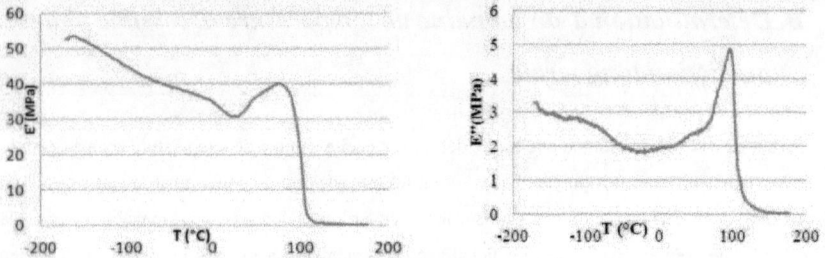

Figure IV 1: Courbes du module de conservation E' et du module de perte E'' en fonction de la température pour un échantillon de mousse PU (1 Hz, amplitude de déformation : 20 μm).

La première constatation que nous pouvons faire est que nous n'obtenons pas les courbes typiques visibles dans la littérature [Cavaillé, Chazeau, Chabert, & Saint Michel, 2006]. Effectivement sur les courbes typiques, le module de conservation E' diminue peu mais de façon linéaire jusqu'au passage de la Tg où est observée une nette chute de la valeur de E', qui se caractérise par un très net changement de pente. Dans notre cas, pendant la première phase correspondant habituellement à la phase caoutchoutique, une première chute de module suivi d'une remontée avant le passage de Tg est observée. Un épaulement du pic de transition vitreuse est observé sur E''.

Une dizaine d'échantillons ont ainsi été testés pour s'assurer de la reproductibilité, et dans chaque cas la courbe obtenue est similaire à celle que l'on observe sur la Figure IV 1. Ces deux phénomènes reproductibles sur tous nos essais. Cependant cette chute du module de conservation aux alentours de 0°C, suivi d'une remontée d'une dizaine de MPa de celui-ci avant d'observer la chute de module lié au passage de la transition vitreuse aux alentours de 100°C, sont inexplorés et inexistants dans la littérature.

B.1.3. Hypothèses

Plusieurs hypothèses ont été examinées pour expliquer ces phénomènes.

La première diminution du module de conservation E' pourrait correspondre à une perte d'un composé volatile ou d'un excédent de plastifiant. L'augmentation qui suit pourrait résulter d'une dilatation thermique. En effet, au début de l'essai, le déplacement de la traverse mobile est calibré à la température initiale de l'essai, or il est possible qu'au cours de l'essai, avec l'augmentation de température, l'échantillon se dilate. Dans ce cas la calibration initiale n'est plus valable, et il est nécessaire de corriger les courbes obtenues en fonction de cette dilatation thermique. Plusieurs essais ont donc été mis en œuvre pour essayer de valider ou non ces hypothèses.

Dans un premier temps, nous avons voulu vérifier l'hypothèse de la dilatation thermique pour expliquer l'augmentation du module de conservation. Pour cela nous avons fait des mesures de dilatation, toujours sur la DMA. Ce mode d'essai n'ayant jamais été réalisé auparavant sur cette équipement, une mesure de calibration avec une éprouvette en alumine a due être faite. L'échantillon d'alumine fourni étant un cylindre de diamètre 6 mm et de hauteur 6 mm, nous avons décidé de faire ensuite les mesures de dilatation sur la même géométrie pour avoir la calibration la plus juste. Nous supposerons donc que la géométrie de l'éprouvette n'a pas d'influence sur le coefficient de dilatation calculé pour nos mousses polyuréthanes. Nous faisons donc subir à notre éprouvette une rampe en température entre -150°C et 80°C, c'est-à-dire que nous arrêtons donc les mesures avant passage de Tg. Nous suivons l'évolution du déplacement de la traverse alors que l'échantillon est soumis à une très faible contrainte (0,01 N) afin de s'assurer que le poussoir reste toujours en contact avec la surface de l'échantillon. La courbe obtenue est donnée sur la Figure II 2 :

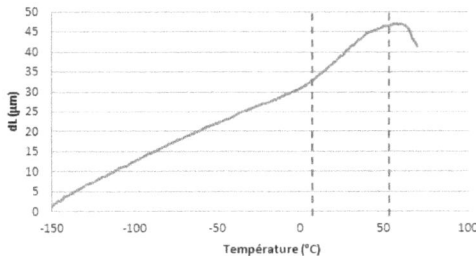

Figure IV 2: Evolution de la dilatation thermique d'une mousse polyuréthane non renforcée. (1 Hz ; amplitude de déformation : 20µm)

Un changement de pente qui traduit un changement du coefficient de dilatation, est observé aux alentours de 0°C, température qui correspond environ à la ré-augmentation du module de conservation E' sur Figure IV 1. Nous avons donc calculé le coefficient de dilatation thermique entre -150°C et 0°C, et celui entre 0°C et 50°C, grâce à la formule suivante : $\alpha = \Delta L/(L_0.\Delta T)$ où ΔL représente la variation d'épaisseur de l'éprouvette, L_0 l'épaisseur initiale et ΔT la variation de température sur laquelle est calculé le coefficient. Les résultats sont les suivants :

- Entre -150°C et 0°C, $\alpha = 3,41.10^{-5}$ K^{-1}.
- Entre 0°C et 50°C, $\alpha = 15,5.10^{-5}$ K^{-1}.

Les valeurs obtenues sont cohérentes avec les résultats trouvés dans la littérature *(Yang, Xu, & Chen, 2007)* notamment sur la gamme de température comprise entre -150°C et 0°C où les valeurs données étaient de $3.1.10^{-5}$ K^{-1}.

Sur la partie de courbe qui nous intéresse, c'est-à-dire entre 0°C et 50°C, domaine où il se pourrait que la dilatation thermique explique l'augmentation de E', nous pouvons calculer une déformation thermique: $\varepsilon_{linéique} = \alpha.\Delta T$. Avec ce calcul nous obtenons un résultat numérique de 2,78%. Cette déformation due à la dilatation thermique de la mousse polyuréthane peut être réinjectée dans le module de perte afin d'obtenir sa variation : nous obtenons un ΔE de 0,16 MPa, pour une référence de module de conservation prise à E'= 35 MPa. Cette hypothèse ne semble donc pas être valide puisque nous avions noté une augmentation de E' de 10 MPa.

La deuxième hypothèse que nous avons considérée concerne une évolution de la composition. Ainsi de la même façon que précédemment nous étudierons le comportement des mousses PU entre -170°C et 180°C, mais les échantillons étudiés par la suite verront avant cela différentes histoires thermiques, comme nous pouvons le voir sur la Figure IV 3. Des chauffes seront effectuées à 90, 100 et 120 °C. Ces températures correspondent à la plage de température du domaine de Tg (voir Figure IV 1), pour évaluer l'influence de l'approche ou du passage de cette transition sur le comportement. Lors des chauffes à 100°C, la durée de recuit varie de 10 à 30 minutes. Le but étant de voir l'influence du temps de chauffe sur l'évolution de la structure du polymère et de ses caractéristiques mécaniques.

Figure IV 3: Récapitulatif des traitements thermiques subis par les échantillons, et courbes de E', E" et tan δ en fonction de la température, après ces différents traitements thermiques.

Même si nous pouvons toujours observer les mêmes phénomènes aux mêmes températures, nous remarquons que ces derniers sont plus ou moins amplifiés selon l'histoire thermique vue avant la mesure par l'échantillon. Premièrement plus on s'approche de la Tg avant de refroidir et de faire la mesure, plus la première chute de module est importante. Cette chute pourrait être liée à une première Tg du matériau d'autant plus visible que la valeur initiale de E' est importante. Et ce, dans l'hypothèse où le matériau constitutif des parois aurait à la fois des segments durs et des segments souples. Dans ce cas, la première baisse de E' traduirait le passage de Tg pour les segments souples. Une deuxième observation flagrante est l'influence du recuit sur la valeur du module de conservation E' à basse température. Effectivement, en chauffant à 100°C ou plus, la valeur de E' à -170°C double ou triple selon la température et le temps de chauffe. La chauffe pourrait provoquer l'effondrement de certaines parois de cellules et donc une densification du matériau cellulaire qui devient alors plus rigide. Rappelons toutefois que dans les conditions d'utilisation normale, les mousses ne verront pas de température supérieure à 80°C, qui correspond à la température lors du dégazage des cuves.

122

Une autre hypothèse émise pour expliquer la chute de module entre 0°C et 50°C serait la possible présence d'un excédent de plastifiant. En effet, l'effet plastifiant est connu pour réduire le module de conservation E' et augmenter celui de perte E'', ce qui est observé dans notre cas, Figure IV 4, entre 0 et 50°C où ces phénomènes sont présents avant le passage de Tg. De plus les fiches techniques sur l'agent gonflant HCFC 141-b utilisé lors du processus de moussage, précise que ce dernier est connu pour avoir des propriétés plastifiantes. Ceci pourrait donc être en accord avec notre hypothèse.

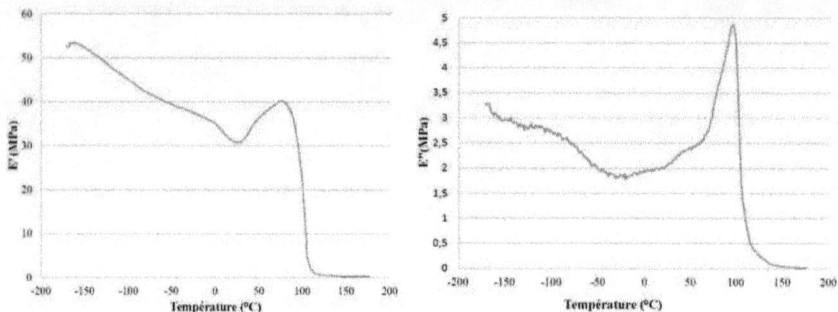

Figure IV 4: Evolution de E' et E'' en fonction de la température.

Cependant, nous pouvons aussi remarquer qu'après la première chute sur le module de conservation qui se passe entre 0 et 50°C, le module de perte E'' continue à augmenter jusqu'au passage de Tg aux alentours de +120°C, alors que le module de conservation lui ré-augmente entre 50°C et le passage de Tg. De plus si cette hypothèse était valide, lors de la chauffe précédant la mesure qui s'effectue entre -170°C et +180°C, la température de fusion du HCFC étant de -103,5°C, et sa température d'ébullition de 32°C, l'excédent de plastifiant devrait être supprimé. Dans ce cas, la chute de module ne serait plus observée. Or, comme nous avions pu le constater Figure IV 3, même après une chauffe à 90, 100 ou même 120°C ce phénomène de chute du module de conservation E' est toujours observable. L'hypothèse d'un excédant de plastifiant ne semble donc pas être recevable.

Une autre hypothèse possible, serait la perte d'un composé volatil en chauffant qui expliquerait une chute des propriétés mécaniques. Nous avons donc dans un premier temps réalisé un suivi de la perte de masse en fonction de la température à laquelle se trouve l'échantillon. Pour cela 8 échantillons cubiques d'arêtes 50 mm ont été testés. Des mesures de poids et de densités initiales ont été faites. Puis ces échantillons ont été placés dans une enceinte thermique, avec une rampe en température de 2°C par minute, identique à celle appliquée lors des essais de DMA relatées précédemment, entre 20 et 180°C. Un échantillon est extrait tous les 20°C pour le peser et le comparer avec sa masse initiale. Nous pouvons ensuite tracer l'évolution de la masse en fonction de la température, Figure IV 5.

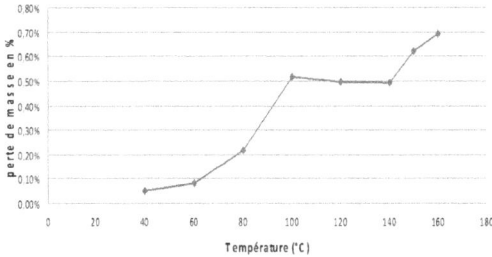

Figure IV 5: Suivi de l'évolution de la masse de la mousse PU en fonction de la température.

Nous pouvons constater que dans l'allure générale la perte de masse augmente avec la température. A partir de 80°C une accélération de la perte de masse, suivie d'une stabilisation avant une ré-accélération certainement due au passage de Tg. La plus forte accélération de perte de masse se faisant entre 80 et 100°C, ce qui correspond à la plage où le module de conservation E' augmente et qui pourrait être associé à une perte de composé volatil.

Cependant, ces résultats sont à traiter avec prudence. Un seul échantillon par température a été mesuré, ce qui laisse la possibilité d'avoir des points non représentatif. Afin d'identifier quel est l'éventuel composé volatil perdu lors de la chauffe, une analyse couplée DSC / spectrométrie de masse est nécessaire. Un échantillon de mousse réduit en poudre a été envoyé à Netzsch, pour réaliser une analyse de ce type. Le matériau a été réduit en poudre afin de savoir s'il restait du gaz d'expansion dans les parois constitutives du matériau. Aucune trace de ce gaz (HCFC-141b) n'a été relevée.

B.2. Conclusions et choix d'une plage de température pour outil prédictif

Toutes ces expérimentations ne permettent pas à ce jour de statuer clairement sur les phénomènes en jeux observés en DMA. L'hypothèse de la perte de composé volatil semble être une des seule piste, combiné peut être à des transitions secondaires dans le matériau, comme vu au chapitre III.

Les études préliminaires réalisées en DMA mettent en avant une zone de transition vitreuse située aux alentours de ± 120°C. Notre domaine de travail ne dépassera donc pas Tg, et sera même réduit de 50°C par sécurité. Nous pourrions alors fixer un premier domaine de travail entre -170°C et 50°C. Cependant, les études réalisées auparavant mettent en avant une instabilité structurale entre 0 et 50°C, même si les hypothèses évoquées précédemment ne permettent pas d'identifier clairement les processus en jeu sur cette plage de température. Une des conditions à la mise en place d'un outil prédictif basé sur le principe d'équivalence temps-température et le tracé de courbes maîtresses, est d'avoir le même comportement sur toute la plage de température et les mêmes mécanismes moléculaires en jeu. C'est pour cela que la plage de température qui nous a semblé la plus propice pour mener cette étude est comprise entre -170°C et 0°C, zone jaune sur la Figure IV 6.

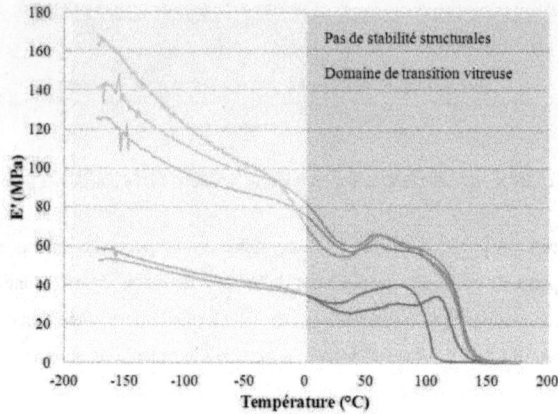

Figure IV 6: Schéma récapitulatif de la plage de température utilisable pour la mise en oeuvre de l'outil prédictif.

C. Etude des effets d'échelle

Il a été vu que, pour des raisons pratiques, cette méthode de faisabilité de prédiction long terme allait être menée via des essais en DMA. Hors cette technique expérimentale nécessite l'utilisation d'échantillons relativement petits, dans notre cas des cubes de 6mm d'arête. Il est donc absolument nécessaire de savoir si ce volume est représentatif du comportement global de la mousse polyuréthane. C'est pourquoi une étude des effets d'échelles a été réalisée, sur mousses polyuréthane non fibrées et mousses renforcées fibres de verres afin de déterminer à partir de quel volume les propriétés mécaniques sont représentatives du matériau dans sa globalité. Ces effets d'échelles ont été étudiés pour deux trajets de chargement à savoir la compression monotone et le fluage à faible niveau de contrainte. Pour chaque type de chargement étudié, deux méthodes ont été développées. Dans les deux cas, les essais seront réalisés à température ambiante.

La première méthode consistera à réaliser des essais sur une série d'éprouvettes cubiques de différentes tailles, les effets de bords seront donc différents selon la taille de l'échantillon. Les résultats obtenus par cette méthode concernent tout le volume.

La deuxième méthode consistera à estimer, par analyse surfacique, la réponse mécanique sur des surfaces de tailles variables, sur un seul et même échantillon. Les effets de bords seront donc fixes.

C.1. Rappel sur les propriétés matériaux et les éprouvettes testées.

Deux types de mousses vont donc être testés, les mousses polyuréthanes sans fibres, d'une densité moyenne de 114kg/m³ et les mousses renforcées fibres de verres qui elles, ont une densité moyenne de 133kg/m³. Dans les deux cas les mousses ont été expansées par le HCFC 141b (dichloro-fluoro-éthane, température d'ébullition = +32°C, température de fusion = -103,5°C). Pour plus de renseignements, se référer au chapitre II.

Tous les échantillons qui serviront à cette étude, sont toujours des éprouvettes de formes cubiques, avec des tailles d'arêtes comprises entre 20 et 50mm, et sont stockés, avant essai dans une pièce à température (22°C ±2°C) et humidité contrôlée (55%HR ±5%), car les mousses polyuréthanes sont très sensibles au changement d'humidité. Celui-ci pouvant provoquer un gonflement et donc un changement dimensionnel.

C.2. Démarche

C.2.1. Essais sur éprouvettes de dimensions variables

La première série d'essais est réalisée avec des échantillons cubiques de différentes tailles d'arêtes, à savoir 10, 20, 30, 40 et 50 mm, sur une machine de traction compression ZWICK 1475, présentée au chapitre II, avec une cellule de 100kN. Tous les essais de cette série ont été réalisés avec une même vitesse de déformation de $1,66\ 10^{-3}.s^{-1}$ quelle que soit la taille de l'éprouvette. Tous les échantillons verront un niveau de déformation plus haut que la valeur de contrainte au plateau.

La DMA nous permettra de mettre en place des essais de fluages courts. Comme évoqué dans le chapitre II, cet équipement présente deux limitations majeures, à savoir la limite du capteur de force et de la force maximale pouvant être appliquée (égale à 8 N) mais aussi la taille maximale de l'éprouvette testée, dans le cas d'un échantillon cubique la taille limite de l'arête sera 6mm. Ces essais permettront néanmoins d'étendre la comparaison et/ou corrélation avec les résultats obtenus par la méthode d'analyse optique en fluage sur des surfaces de tailles variables supérieures.

C.2.2. Analyse des déformations sur des domaines de taille variable d'une éprouvette de taille fixée

La seconde série d'essais, en compression monotone et en fluage, a pour but d'estimer pour une taille d'échantillon fixe, la taille minimale de surface pour laquelle les propriétés mécaniques en compression sont représentatives. Avec cette technique, les échantillons testés seront tous des cubes de 50 mm d'arêtes, testés sur une machine de compression INSTRON, avec une cellule de 10kN, et comme précédemment la vitesse de déformation a été fixée à $1,66 \ 10^{-3} \ s^{-1}$. Dans cette série, la déformation est mesurée par extensomètre optique. Une caméra est placée devant la surface de l'échantillon à étudier, ce qui permettra d'enregistrer les mouvements des points dessinés à la surface, comme ceux visible sur la Figure IV 7 et, par corrélation, de mesurer leur déplacement et de calculer la déformation.

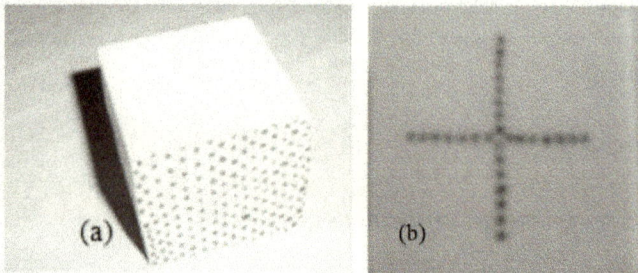

Figure IV 7 : Points tracés à la surface d'échantillon de mousse PU, (a) pour un essai de compression monotone, (b) pour un essai de fluage.

Le logiciel d'extensométrie optique (DEFTAC) permet de corréler des images pour un quadruplet de points et de calculer les composantes du tenseur des déformations dans les directions principales. Dans le cas présent, des grilles de points ont été tracées sur la surface d'un échantillon (Figure IV 7), et une analyse de chaque quadruplet a été réalisée afin de réaliser une cartographie de la déformation dans différents domaines de la surface de l'échantillon.

Des mesures seront faites en compression monotone, avec la grille présente Figure IV 7 (a), pour déterminer le degré d'homogénéité de la déformation sur la surface à un niveau de contrainte donnée, et analyser ensuite proprement les variations de déformation moyenne mesurée dans des domaines de taille différente (b).

C.3. Résultats

C.3.1. Compression monotone sur échantillons de dimensions variables

¤ *Cas des mousses polyuréthanes non renforcées (PU)*

Pour chaque taille d'éprouvette à tester, 5 échantillons seront testés pour permettre de vérifier la reproductibilité des résultats. Les courbes de contrainte-déformation conventionnelles obtenues sont illustrées sur la Figure IV 8 pour les cubes de mousses PU d'arête 10 mm.

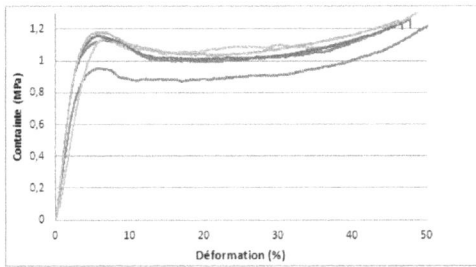

Figure IV 8: Courbes conventionnelles contraintes-déformations obtenues pour 5 échantillons d'arêtes 10mm testés en compression monotone (vitesse de déformation : 1.66.10^{-3}.s^{-1} ; à température ambiante).

Les trois paramètres que nous avons choisis pour évaluer la représentativité des propriétés sont : le module d'Young E, la contrainte à la limite élastique σ^* et la déformation associée ε^*. Le module sera mesuré entre 0,2 et 0,4 MPa de la même façon que lors des essais habituels de compression su mousse PU au CRITT, σ^* et ε^* sont déterminés au pic de contrainte. Pour chaque paramètre cité et pour chaque taille d'échantillon, la valeur moyenne ainsi que l'écart type seront calculés. De plus, les propriétés dépendent de la densité, laquelle varie légèrement d'un échantillon à l'autre. Tous les résultats présentés par la suite seront donc normés par rapport à la densité. Ainsi, nous obtenons les résultats suivants, donnés à la Figure IV 9.

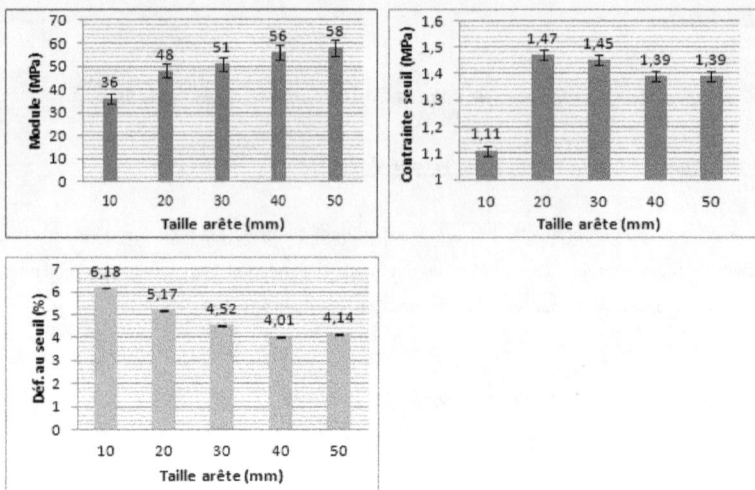

Figure IV 9: Valeurs moyennes et écarts-types pour module d'Young, contrainte et déformation au seuil en fonction de la taille d'échantillon, pour les mousses PU non renforcées. (Essais de compression à une vitesse de déformation = $1.66.10^{-3}.s^{-1}$ et température ambiante).

Ces graphiques nous montrent bien une influence de la taille de l'échantillon sur, à la fois, le module d'Young, la contrainte limite élastique et la déformation associée. Une nette évolution est observée entre le plus petit échantillon (10x10x10 mm) et la taille tout juste supérieure (20x20x20 mm), notamment sur la valeur de la contrainte au seuil. Plus généralement, il semblerait que les plus petits spécimens soient plus déformables avec un module d'Young plus faible. Les valeurs de modules augmentent avec la taille des échantillons alors que déformation et contrainte au seuil diminuent. Le résultat particulier d'une faible valeur de contrainte au seuil pour les plus petits échantillons pourrait être expliqué par l'effet d'écrasement de la première couche de cellule qui est plus endommageant pour les petits échantillons. L'hypothèse sous jacente est que cette première couche de cellule a été préalablement endommagée lors de la découpe et l'usinage d'échantillons, et serait donc plus susceptible de s'écraser au moment du chargement mécanique. Le tableau de la Figure IV 10 reprend le calcul (présenté au chapitre 3) du taux de déformation provoqué par l'écrasement des premières couches de l'échantillon (haute et basse) selon la taille de l'éprouvette testée, en prenant une épaisseur moyenne de la couche de cellules de 350µm. Cette déformation décroit logiquement avec une taille d'arête croissante.

Taille arête (mm)	Déformation dû écrasement 1ère couche (%)
10	6%
20	3%
30	2%
40	1.5%
50	1.2%

Figure IV 10: Tableau des déformations induites par l'écrasement des couches externes de cellules pour les différentes tailles d'échantillons.

On observe, sur la Figure IV 9, une stabilisation des valeurs moyennes des modules, contraintes et déformations au seuil pour une taille d'arête supérieure ou égale à 40 mm. A partir de ce seuil, les propriétés en compression monotone mesurées sur les échantillons cubiques semblent être représentatives du matériau volumique.

¤ **_Cas des mousses polyuréthanes renforcées fibres de verre (R-PUF)_**

De la même façon que précédemment, la reproductibilité est évaluée pour chaque dimension à l'aide de 5 éprouvettes par lot. Les courbes contrainte-déformation peuvent être superposées pour chaque dimension afin d'obtenir des valeurs moyennes de modules, contraintes et déformations au seuil. Par exemple, la reproductibilité pour les échantillons renforcés d'arêtes 10 mm est illustrée sur la Figure IV 11.

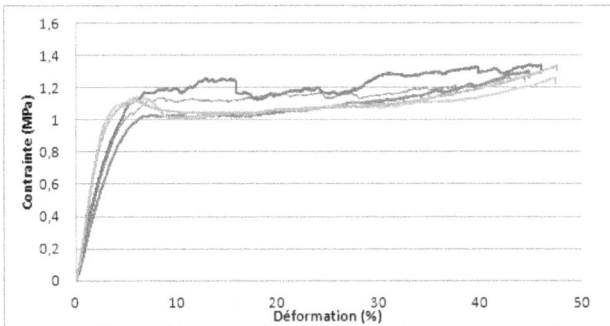

Figure IV 11: Courbes contraintes-déformations obtenues sur des échantillons de mousses PU renforcées fibres de verre, avec une arête de 10mm, testés en compression monotone (vitesse de déformation = 1,66.10^{-3}.s^{-1} ; à température ambiante).

Pour des échantillons de même taille, il s'avère qu'un module plus élevé et une contrainte au seuil plus importante sont observés, alors qu'il y a une légère baisse de la déformation au seuil. Ceci est cohérent avec l'ajout de renfort qui rigidifie le matériau cellulaire. Ce résultat a également été observé à froid (se reporter au chapitre III). De la même façon que précédemment, nous allons pouvoir tracer les courbes contraintes-déformations pour chaque taille d'éprouvettes (Figure IV 12) et en déduire les valeurs des paramètres E, σ* et ε*.

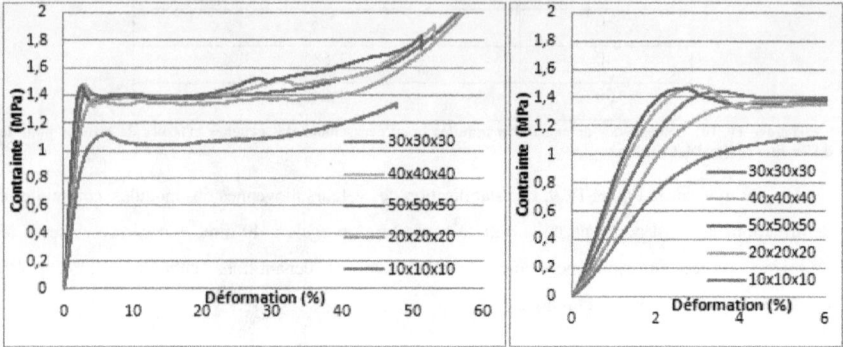

Figure IV 12: Courbes de contraintes-déformations sur mousses fibrées pour chaque taille d'éprouvette, et grossissement sur le régime des basses déformations (vitesse de déformation = 1,66.10⁻³.s⁻¹ ; à température ambiante).

Sur le grossissement dans le régime basse déformation, nous pouvons observer une nette évolution du module en fonction de la taille de l'éprouvette, ce qui montre bien une dépendance du volume testé. Pour déterminer à partir de quel volume les caractéristiques mécaniques sont représentatives, les valeurs de modules, contraintes et déformations au seuil ont été calculés de la même façon que pour les échantillons non fibrées, et les résultats sont les suivants :

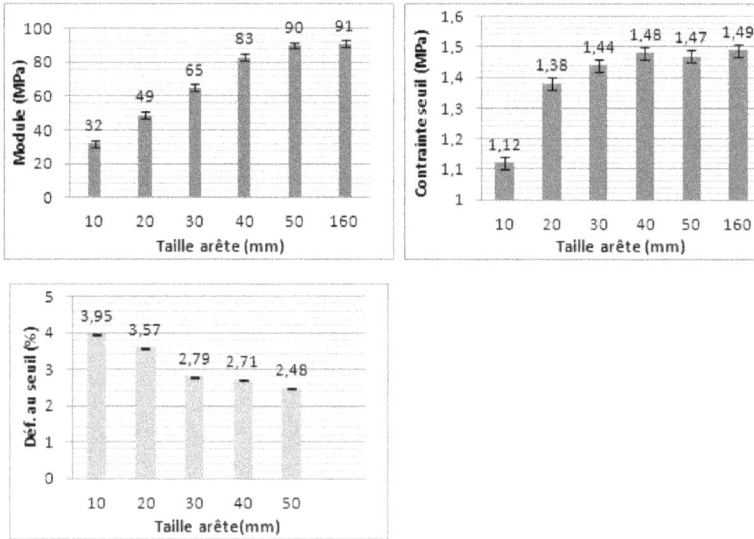

Figure IV 13: Valeurs moyennes et écarts-types des modules, contraintes et déformations au seuil en fonction de la taille d'arête des échantillons de mousses PU renforcées fibres de verre.

Une des premières observations est que nous relevons des écarts de modules, de contraintes et de déformations plus importants que pour les mousses non renforcées. Les résultats sont toujours normés par rapport à la densité, et il faut noter, que dans le cas des mousses renforcées nous avons observé une plus grande variabilité des valeurs de densités, ce qui peut s'expliquer par la distribution de fibres qui n'est pas similaire dans toutes les couches d'un même panneau, et qui peut donc jouer sur la densité d'un échantillon à l'autre, selon l'endroit dans lequel ce dernier à été prélevé. Ces résultats sont également en accord avec ceux trouvés au chapitre III, dans l'étude du comportement à basses températures. Cette tendance n'est donc pas dépendante de la température.

Dans le cas des mousses renforcées fibre de verres, l'augmentation du module avec la taille croissante de l'éprouvette est encore plus significative que dans le cas des mousses PU pures. Et contrairement au PU, le module des r-PUF augmente jusqu'à la taille maximum d'essai (ici arête = 50mm), sans se stabiliser. Ce qui laisserait penser que dans le cas des mousses à renfort fibres de verres, un cube d'arête 50 mm semble être une taille minimum pour être représentatif du comportement général de ce matériau. Pour confirmer cette hypothèse, nos résultats ont été confrontés à des résultats d'essais de compressions monotones réalisés sur le même type de mousse au sein d'une autre étude dans notre laboratoire ; (même fournisseur, même densité, même agent d'expansion, et même vitesse de déformation) sur des cubes d'arêtes 160mm. Les valeurs ont été incluses aux graphiques présentés Figure IV 13. Les valeurs obtenues en termes de modules et de contraintes au seuil sont équivalentes à celles observées pour des cubes de 50mm. Celà confirme que pour être représentatif du comportement mécanique global, la taille minimale d'éprouvette à tester pour les R-PUF en compression monotone doit être un cube de dimensions 50 x 50 x 50 mm.

Le volume représentatif serait donc plus important pour les mousses renforcées que pour les mousses polyuréthanes pures. La principale explication à cette différence réside dans le fait que l'insertion de fibres de verres ajoute un effet d'échelle supplémentaire dans le matériau, lié à la nappe de fibres. Cette nouvelle échelle et ces fibres vont augmenter les hétérogénéités dans le matériau, notamment en ce qui concerne la densité locale. Si le matériau est plus hétérogène il est alors logique que la taille minimale pour être représentatif du comportement global augmente.

C.3.2. Déformation moyenne sur des domaines de taille variable, au sein d'un même échantillon

La série d'essais précédente évalue en quelque sorte la taille minimale d'échantillon nécessaire pour que les effets de bord deviennent négligeables.

Le but de cette seconde série d'expérimentations est d'estimer la taille minimale pour laquelle les propriétés mécaniques sont représentatives, pour des conditions aux limites données, c'est-à-dire pour une géométrie et un mode de chargement donné. Aussi, des essais seront réalisés en compression monotone et en fluage court-terme sur des échantillons cubiques de 50 x 50 x 50 mm. Une analyse d'effet d'échelle par cette méthode n'a de sens uniquement si les effets d'échelles peuvent être dissociés d'une possible hétérogénéité de la déformation provoquée par l'essai mécanique. Ceci est la problématique de l'étude préliminaire présentée ci-dessous.

¤ Estimation de l'hétérogénéité de déformation en surface

Les essais de compression ont été menés en utilisant l'extensomètre optique décrit au chapitre II. Le but de ce test est de discrétiser la surface de l'échantillon en plusieurs petits domaines d'aires voisins, chacun d'eux étant défini par quatre points qui représentent un quadruplet sur le quadrillage, comme tracé Figure IV 7. Pour chaque quadruplet il est possible de connaitre la déformation dans le sens de la compression (sens 1) et dans la direction transverse (sens 2). Ceci va permettre de quantifier l'hétérogénéité de la déformation surfacique au cours d'un essai de compression monotone à une vitesse de déformation de $1,66.10^{-3}.s^{-1}$. Les déformations représentées pour deux niveaux de contraintes : 0.4MPa (Figure IV 14) et 1.18MPa (Figure IV 15) qui correspondent respectivement à la contrainte maximale de fluage vue par la mousse en service dans un méthanier, et à la contrainte seuil de la courbe dans la direction de compression.

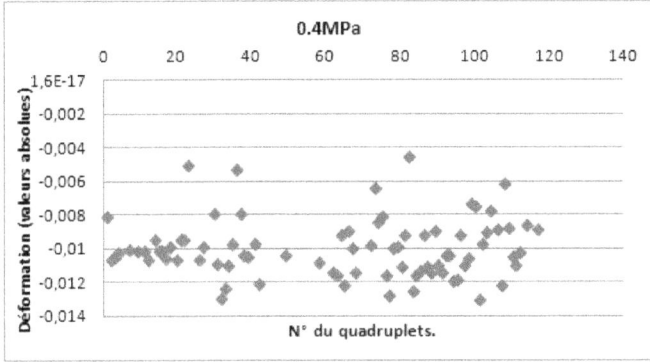

Figure IV 14: Déformation absolue pour une contrainte de 0.4MPa sur mousse PU.

Pour une basse contrainte équivalente à 0.4MPa, les valeurs de déformations observées sont de l'ordre d'1% avec une variabilité de plus ou moins 0.2%. En sachant que le logiciel de mesure permet une précision de 0.1%, nous pouvons en déduire que pour ce niveau de contrainte les déformations semblent relativement homogènes. Ce qui laisse supposer que pour de faibles contraintes, inférieures ou égales à 0.4MPa, une analyse multi-échelle est réalisable.

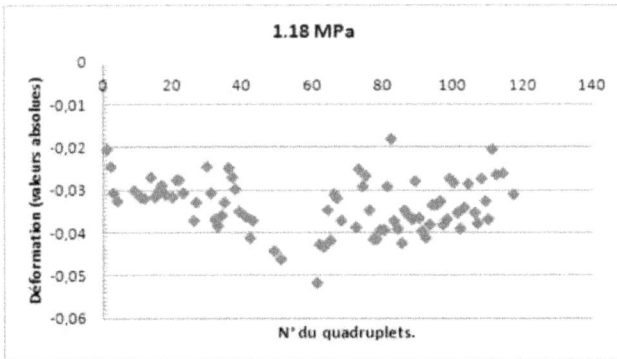

Figure IV 15: Déformations en valeurs absolues à 1.18MPa en compression monotone sur mousse PU.

Dans le cas d'une analyse au pic de contrainte soit environ 1.18MPa, nous pouvons remarquer une plus grande fluctuation des valeurs de déformations des petits domaines. Ces valeurs sont comprises entre 2 et 5%, avec une majorité de quadruplet compris entre 2 et 4%. Les écarts mesurés ici sont beaucoup plus signifiants que précédemment puisque la précision de la mesure est de 0.1%.

Nous étudions ce domaine de validité au cas du fluage, dans la mesure où nous resterons dans des domaines de faibles contraintes, c'est à dire ici inférieures ou égales à 0.4MPa.

□ *Déformation moyenne sur des domaines de taille variable*

Avec cette même méthode d'essai, des quadruplets de tailles croissantes ont été analysés, d'abord en compression monotone. Ces quadruplets sont représentés sur la Figure IV 16.

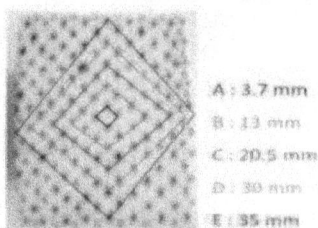

Figure IV 16: Tracé des surfaces analysées avec la taille d'arête correspondante en mm.

Les courbes contrainte-déformation sont construites pour chaque surface analysée, dans le régime des basses déformations, afin de déterminer à partir de quelle taille la déformation se stabilise.

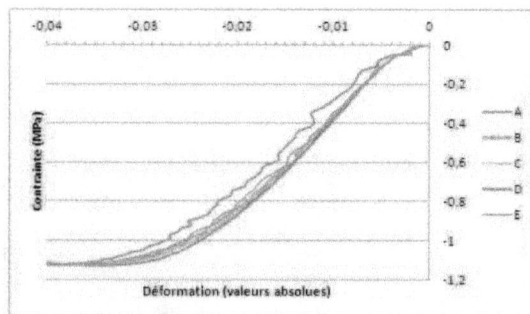

Figure IV 17: Courbes de contraintes - déformations pour les différentes surfaces analysées en compression monotone sur mousse PU.

Pour des surfaces ayant une arête comprise entre 13 et 35mm, les courbes sont relativement similaires et superposables. Pour une surface analysée d'arête 3.7 mm, un décalage de 0.3% sur la déformation est observé, ce qui provoque donc aussi une diminution de module pour cette surface. Ce décalage de 0.3% est observé avec un écart de plus ou moins 0.02%. La précision de mesure étant toujours de 0.1%, ce décalage est signifiant. Cela nous permet de dire, au vu de ces résultats, que pour un essai de compression monotone, un carré d'arête 3.7mm n'est pas une surface suffisante pour être représentative du comportement mécanique. La surface représentative pourrait être comprise pour un carré d'arête entre 3.7 et 13 mm, mais les essais réalisés ici ne permettent pas d'affiner la valeur minimale.

Une analyse similaire est réalisée en fluage en compression, sous une contrainte conventionnelle appliquée de 0.25 MPa. Cette contrainte correspond aux normes de fluages pour ce type de matériau et aux applications de transport de gaz liquide. La contrainte est appliquée à une vitesse de 5 mm/min.

L'approche expérimentale est très similaire, excepté sur le traçage des points. Ici, ils sont tracés le long d'une ligne horizontale et d'une ligne verticale. Les quadruplets définissent des domaines concentriques illustrés sur la Figure IV 18.

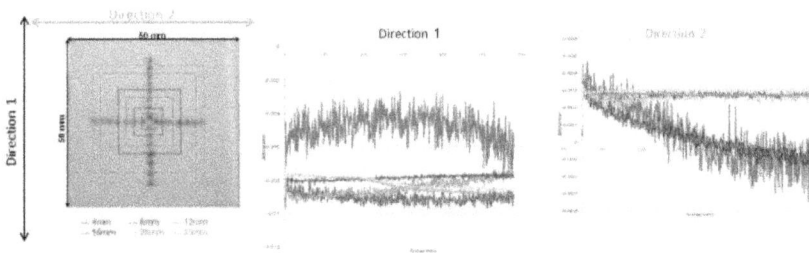

Figure IV 18: Cinétique de déformation longitudinale et transversale mesurée pour des groupes de points espacés sur la surface d'un échantillon de mousse PU subissant un essai de fluage en compression à 0.25MPa.

Dans la direction de compression (direction 1 sur la figure), nous pouvons remarquer que les déformations calculées pour des domaines d'arête de 8 mm et plus sont équivalentes. En effet, au-dessous d'une aire de 8 x 8 mm, les différences mesurées entre les différents essais sont de l'ordre 0.1% ce qui correspond à la précision de mesure du logiciel. Par contre, pour la plus petite surface c'est-à-dire le carré de 4 x 4 mm, la différence avec les autres courbes est de 0.3%, ce qui représente une différence significative.

Dans la direction transversale (direction 2), nous pouvons noter deux cinétiques de déformations différentes. Une première qui concerne les deux premiers quadruplets de points, qui correspondent donc à des surfaces de 4 x 4, et 8 x 8mm, et une deuxième pour les paquets de points plus distants du centre de l'éprouvette. Sur la fin de l'essai une nette différence de comportement est observée entre ces deux cinétiques, avec un écart significatif de 0.4% comparativement aux premiers paquets de

136

points. Dans cette direction, la déformation semble devenir stable plus tard, à savoir pour une surface supérieure ou égale à 144 mm².

En conclusion, en négligeant les effets de bords, la surface minimale à partir de laquelle la réponse en fluage apparait représentative de la déformation globale du matériau est comprise entre 8x8 mm² et 12x12 mm², ce qui correspond environ à une trentaine de cellules sur chaque arête. Nous nous rappellerons que le diamètre moyen d'une cellule de mousse non fibrée est d'environ 350µm. Cette valeur de 30 cellules sur l'arête est conforme aux valeurs rapportées dans la littérature sur les mousses métalliques, où il avait été montré qu'à partir de 18 cellules sur une arête d'éprouvette, la taille de celle-ci était suffisante pour être représentative du comportement globale (Voir chapitre I, partie B.1.3).

En termes d'analyse de surface, les surfaces déterminées comme représentatives en compression monotone à faible niveau de contrainte (0.4 MPa) et en fluage sont similaires. En effet, dans le premier cas la surface semble être représentative du comportement entre 3.7 et 13 mm, et dans le deuxième cas, cette surface représentative est comprise entre 8 et 12mm. Cependant il est important de rappeler que les analyses de surfaces sur ces deux essais ne sont pas les mêmes, car le système de traçage de points a été fait différemment.

¤ Comparaison aux essais de fluage court en DMA

Afin de compléter cette analyse, une comparaison est aussi faite avec les cinétiques de fluages enregistrées sur de petits échantillons tels ceux testés en DMA. Ces essais ont été réalisés à température ambiante à la même contrainte de 0.25 MPa. La déformation instantanée (ε_0) et la déformation de fluage ($\Delta\varepsilon = \varepsilon - \varepsilon_0$) sont comparées Figure IV 19.

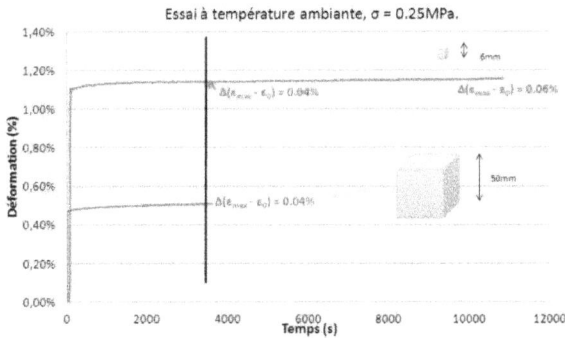

Figure IV 19: Courbes de fluage pour des essais réalisés en DMA (échantillons 6x6x6 mm) et sur les bancs de fluage (échantillon 50x50x50 mm).

La première constatation concerne la nette différence de déformation instantanée. Cette différence pourrait provenir d'un effet de taille sur la valeur du module. En effet, en divisant la contrainte appliquée par la déformation instantanée, la valeur du module instantané E est de 52 MPa pour le cube de 50x50x50 mm et de 23 MPa pour l'échantillon de 6x6x6 mm testé en DMA. Ces résultats sont cohérents avec les effets d'échelles relevés sur les valeurs de module présentées Figure IV 9.

D'un autre coté, il semblerait que les cinétiques de fluage ne soient pas dépendantes de la taille d'échantillon. Car si nous nous intéressons à la déformation de fluage $\Delta\varepsilon$ pour un temps d'essai donné, sur la Figure IV 19, 90 minutes, celle-ci est la même dans les deux cas, à savoir 0.04%.

Ces résultats mettent en avant un effet d'échelle sur les propriétés initiales, mais pas sur les déformations long terme de fluage.

C.4. Analyse de l'effet de géométrie

Pour compléter cette analyse des effets d'échelles, nous avons également mené une étude sur l'influence de la géométrie des éprouvettes sur les réponses mécaniques, et plus particulièrement sur les résultats en fluage. Pour cela, des échantillons de mousse non fibrée et de même hauteur ont été choisis, avec des géométries et des surfaces d'appuis différentes. Ces essais sont réalisés en DMA puisque nous venons de montrer que l'effet de taille n'avait pas d'influence sur la cinétique de fluage. La hauteur des éprouvettes est donc choisie comme étant identique aux essais réalisés précédemment, à savoir 6 mm. Une représentation schématique des échantillons est donnée sur la Figure IV 20 :

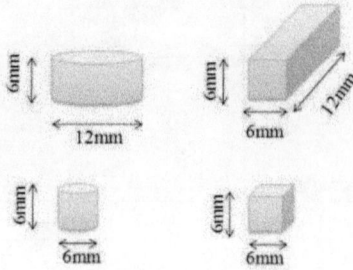

Figure IV 20 : Schéma de la géométrie et des dimensions des échantillons testés.

Puisque la hauteur des échantillons est identique quelle que soit la géométrie choisie, l'épaisseur d'endommagement due à l'écrasement de la première couche de cellule lors de la mise en charge est la même pour toutes les éprouvettes.

Nous avons vu précédemment (chapitre II), que la cellule de force de la DMA est limitée à 8 N. Afin de pouvoir faire une analyse comparative sur l'effet de géométrie, il est important que les essais soient réalisés à un même niveau de contrainte. Pour chaque type d'éprouvette, surface et contrainte résultante pour une force de 8 N (voir Figure IV 21) ont été calculées dans le but d'appliquer la contrainte la plus importante et la plus proche possible de la contrainte du cahier des charges GTT (0.25MPa).

Géométrie éprouvette	Surface en contact (mm²)	Contrainte DMA Fluage (MPa)
Cylindre, diamètre 6 mm	113,09	0,07
Cylindre, diamètre 12 mm	28,27	0,28
Cube, côté 6 mm	36	0,11
Paralépipède, arêtes 6 et 12 mm	72	0,22

Figure IV 21 : Tableau des surfaces et contraintes équivalentes appliquées en DMA pour une force de 8 N.

La plus grande contrainte commune est 0,07 MPa. Les essais de fluages sur les différentes géométries sont donc menés à cette contrainte, tout en sachant que cette dernière est bien inférieure à celle du cahier des charges. De plus, au vu des résultats du chapitre III, les déformations engendrées seront très faibles.

De la même façon que pour tous les autres essais présentés dans cette étude, une analyse de reproductibilité a été menée pour chaque géométrie à température ambiante. Les courbes ne sont pas présentées ici, mais elles montrent une barre d'erreur similaire quelle que soit le type d'éprouvette testée. Un écart type de 0.18% est relevé sur la valeur de déformation instantanée. Les essais de fluage ont été réalisés à trois températures : - 80 °C / 24 °C / 80 °C. Les résultats à -80°C sont donnés Figure IV 22 :

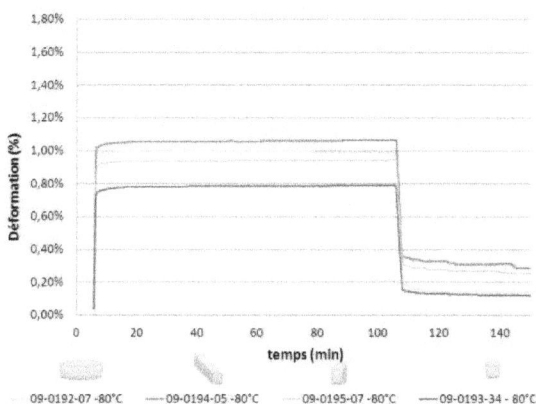

Figure IV 22 : Courbes de fluages en DMA sur différentes géométries d'éprouvettes. (σ : 0,07 MPa, T ° : - 80 °C).

Les résultats montrent un comportement similaire sur la déformation retardée, alors que l'on observe des différences sur les valeurs de déformations instantanées. Ces valeurs semblent être dépendantes de la surface de contact. En effet, plus la surface de contact est importante, plus la valeur de déformation instantanée est élevée. Cependant, l'écart entre les valeurs des déformations instantanées est de l'ordre de la valeur de l'écart type observé lors des essais de reproductibilité, ils ne sont donc pas clairement significatifs. En ce qui concerne le comportement général en fluage, la géométrie de l'éprouvette ne semble pas avoir un effet majeur. Cependant, lors des essais de fluage réalisés sur échantillons « macros » au chapitre III, nous avons montré qu'aux basses températures, les mousses PU sont moins sensibles au fluage. Aussi, pour compléter les résultats sur cette tendance (différence de déformation instantanée en fonction de la surface en contact), nous avons réalisé ces mêmes essais à température ambiante, et à + 80 °C. Les résultats sont donnés Figure IV 23 :

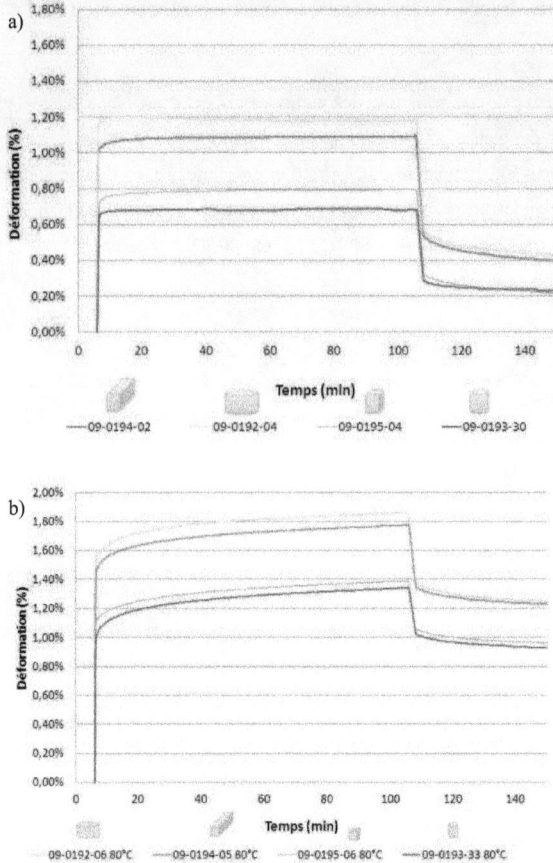

Figure IV 23 : Courbes de fluages pour différentes géométries, σ : 0,07 N, a) à température ambiante, b) à + 80 °C.

Sur ces courbes, la tendance évoquée pour les essais à - 80 °C se précise puisque les mêmes observations sont faites. La géométrie de bords des éprouvettes ne semblent pas avoir d'influence notoire sur le comportement en fluage, puisque les cinétiques restent semblables. Cependant nous pouvons observer qu'aux valeurs d'écart-type près les petites surfaces ont la même déformation initiale. Il en est de même pour les grandes surfaces. Par contre entre petites et grandes surfaces, un écart beaucoup plus important que la valeur de l'écart-type donné précédemment est observé. La surface d'appui a donc un rôle sur la déformation instantanée de la mousse PU, même si la cinétique de fluage reste la même pour la suite de l'essai. Cela permet de présager qu'au point de vue mécanique, la déformation instantanée n'est pas uniquement conditionnée par l'écrasement de la

141

première couche de cellule, puisque tous les échantillons testés ont la même épaisseur. Aussi, il semble que le comportement mécanique en un point ou une cellule conditionne le comportement des cellules de son entourage. Selon la surface testée, l'endommagement a des conséquences locales différentes.

C.5. Discussion et conclusion sur les effets d'échelle

Pour tout ce qui concerne les effets d'échelle, tous les échantillons testés sont de forme cubique. Cette géométrie a été choisie car elle est couramment utilisée dans les différentes normes concernant les matériaux cellulaires. Cependant dans la littérature, nous retrouvons aussi dans le cas des essais de compressions des éprouvettes cylindriques qui sont souvent choisies pour limiter les effets de bords. Dans le cas de notre étude sur différentes tailles d'échantillons, nous aurons donc des effets de bords plus importants que dans certaines références bibliographiques. Dans cette partie, les effets d'échelles dus à la structure cellulaire de notre matériau ont étés mis en évidence par différentes techniques. Cependant, la taille minimale déterminée n'est pas la même selon la méthode d'essai utilisé. Dans le cas des mousses PU non renforcées, les compressions monotones sur échantillons de tailles variables, ont montré une stabilisation de la réponse mécanique à partir d'un cube de volume 40x40x40 mm, alors que par méthode optique sur un essai similaire de compression monotone nous obtenons un carré d'arête comprise entre 8 et 12 mm pour avoir une réponse représentative. Dans le premier cas les essais ont été réalisés sur des volumes différents, et pour chaque volume testé un gradient de déformation est engendré, alors que dans le deuxième cas, nous travaillons sur un seul et même échantillon, et donc sur un seul volume, et nous venons analyser des surfaces de tailles différentes. Dans ces conditions, les effets de bords sont moins importants. En conséquence, la surface minimale est logiquement plus petite que celle estimée lors de la première série d'essai.

Les effets d'échelles dépendent du type de chargement : les effets de tailles sont importants pour la compression monotone alors que pour les essais de fluage la taille d'échantillon n'a pas de réelle influence.

En ce qui concerne les mousses PU renforcées fibres de verres, seuls des essais de compression monotone sur des éprouvettes de tailles variables ont été réalisés. La taille minimale pour être représentatif du comportement mécanique massif est plus importante que pour les mousses non fibrées. D'un côté, les mousses fibrées sont plus denses, ce qui leur confère des différences dans leur comportement mécanique. D'un autre côté la présence de renforts ajoute une échelle supplémentaire dans la structure de la mousse polyuréthane.

Dans le cas des mousses polyuréthanes pures, une taille minimale de 40 x 40 x 40 mm est préconisée pour caractériser le comportement des mousses non renforcées massives. Ainsi toutes les caractérisations du comportement devront donc être effectuées avec cette dimension minimale.

Cependant, si les résultats à étudier concernent uniquement le comportement long terme, ce qui est le cas dans des essais de fluage, nous avons montré que la taille d'éprouvette n'avait pas d'influence sur la déformation de fluage.

Pour compléter ces analyses sur les effets d'échelles, l'influence de la géométrie a aussi été testée, mais plus particulièrement sur le fluage. Ainsi, différentes géométries d'éprouvettes ont été testées sur la DMA, avec une seule dimension constante : la hauteur de l'échantillon fixée à 6 mm. Même si la géométrie de bord (éprouvette cylindrique ou rectangulaire) ne semble pas avoir d'influence majeure sur la réponse en fluage, la surface de l'échantillon en contact joue un rôle important sur la réponse instantanée. Sur une même épaisseur d'éprouvette, plus la surface d'appui est importante, plus la déformation initiale croît. La surface d'appui a donc un rôle important sur le comportement local de la déformation.

D. Mise en œuvre du principe d'équivalence temps-température

Dans cette partie nous envisageons l'utilisation du principe d'équivalence temps-température, en DMA. Deux voies sont envisageables, soit le tracé de courbes maîtresses à partir des courbes obtenues à différentes températures en balayage en fréquence, soit par la superposition de courbes de fluages à différentes températures. Ces courbes de fluages, nous pouvons les obtenir aussi bien sur DMA que sur machine de traction/compression.

D.1. Essais multifréquences sur DMA

D.1.1. Procédure expérimentale

Le but étant de tracer une courbe maîtresse en appliquant le principe d'équivalence temps – température pour prédire le comportement long terme à basse température, nous allons donc dans un premier temps réaliser des essais sur de petits échantillons cubiques, en DMA, en effectuant un balayage en fréquence sur toute une gamme de température. Les échantillons, comme tous ceux précédemment testés en DMA, seront des cubes d'arêtes 6 mm, sur une gamme de fréquence allant de 0.05 à 10Hz, ce qui nous permet de balayer 3 décades de fréquences. Comme déterminé dans la première partie du chapitre, nous réaliserons ces essais sur une plage de température comprise entre -

150°C et 0°C. La montée en température se fera avec une vitesse de 2°C/min, un palier en température sera effectué tous les 5°C afin de réaliser le balayage en fréquence pour chaque température.

Par la suite, lors de l'étape de construction de la courbe maitresse, il nous faut choisir une température de référence appelé T_0, qui représente la température par rapport à laquelle les translations horizontales seront effectuées pour tracer cette courbe maitresse et également la température par rapport à laquelle seront fait les calculs de corrections de la dilatation thermique. Nous avons choisi arbitrairement la température $T_0 = -90°C$. Les essais ont été réalisés sur une DMA TA Instrument de l'Institut P' à Poitiers, car cette dernière permet de faire un balayage en fréquence plus serré que sur la DMA Netzsch présente au CRITT Matériaux. Cet essai est assez long puisqu'il dure 10H, le temps de faire le balayage en fréquence à chaque palier de température. Il nécessite l'utilisation d'azote liquide. Or la cuve adaptée sur l'équipement de DMA ne permet pas une autonomie d'une telle durée, deux remplissages au cours de l'essai seront donc nécessaires, un à -120 °C et un autre entre -40 °C et -35 °C. Il faudra donc faire attention, en traitant les résultats, à une éventuelle influence de cet arrêt momentané le temps du remplissage de cuve, qui dure approximativement 20 minutes. Sur toutes les courbes présentées les décalages verticaux dus à la dilatation thermique, ont été pris en compte.

D.1.2. Résultats

Les résultats sont donnés entre -120°C et 0°C, car les résultats observés aux températures inférieures ne sont pas stables et ne correspondent pas aux courbes obtenues par la suite. Les courbes entre -150 et -120°C sont tout de même données en annexe. Sur la plage de température étudiée nous obtenons le faisceau de courbe montré sur la Figure IV 24.

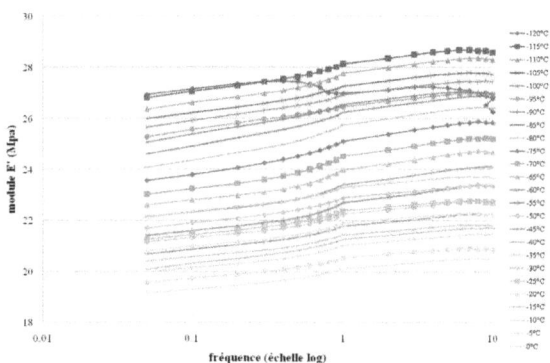

Figure IV 24 : Courbes du module de conservation E' en fontion de la fréquence et de la température.

Plusieurs constatations peuvent être faites à partir de ces courbes. Dans un premier temps, l'allure des courbes est très similaire, ce qui pose la question de la possibilité du tracé d'une courbe maitresse. Nous verrons par la suite si cela est possible ou non.

Ensuite, nous pouvons remarquer que plus la température d'essai est élevée plus les valeurs du module de conservation E' sont faibles. Cette évolution est linéaire avec la température, à la remarque prêt, que lors du remplissage de l'azote entre -40°C et -35°C ces valeurs ré-augmentent pour suivre la même logique par la suite. En effet à -40°C, nous pouvons noter un module de conservation initiale à 0.05Hz d'une valeur d'environ 20MPa, alors qu'à -35°C, cette valeur remonte à 22MPa qui était la valeur observée lors du passage en température à -60°C avant le remplissage.

Enfin, on observe un changement de pente ou un saut à la fréquence de 1Hz. Plusieurs essais ont été menés, également sur la DMA Netzsch, et la même constatation peut être faite à chaque fois. Rien ne signale dans la littérature un éventuel changement de comportement à cette fréquence. D'autres analyses ont été menées sur une même température, et plusieurs cycles de balayages en fréquence ont été appliqués au même échantillon afin de déterminer si celui-ci subissait un endommagement cumulé au fur et à mesure des passages, ce qui pourrait expliquer le décalage des courbes observées sur la Figure IV 24. A -90°C, nous obtenons le résultat suivant :

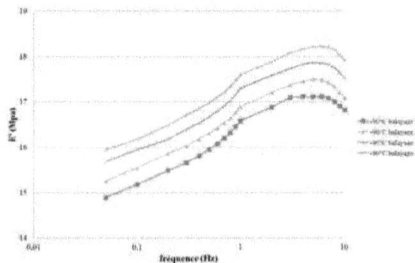

Figure IV 25 : Courbes multi-fréquences pour une température d'essai à -90°C, sur une mousse PU.

Nous observons un faisceau de courbes superposables.

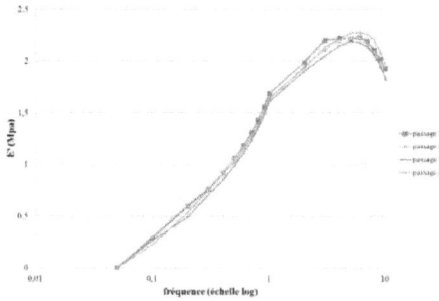

Figure IV 26 : Superposition des courbes obtenues Figure IV 21.

Mais au fur et à mesure des passages, nous pouvons observer une rigidification de la mousse polyuréthane. Ceci est en accord avec l'hypothèse d'un endommagement cumulé. Il pourrait alors en être de même lors des essais de balayage en fréquence, avec une rampe en température, présentés Figure IV 24.

D.1.3. Conclusion

Le tracé de courbes maîtresses suppose d'avoir un faisceau de courbes non superposables pour pouvoir étaler la courbe dans le temps. Or, si nous traçons toutes les courbes à partir du même point initial nous obtenons le résultat suivant :

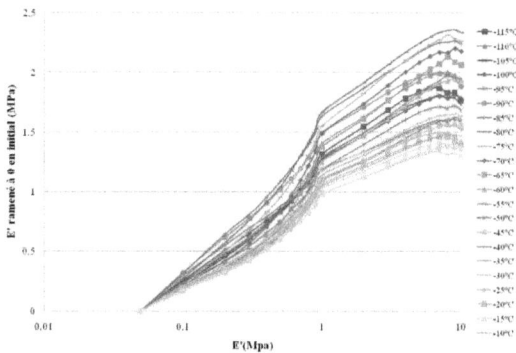

Figure IV 27: Evolution de E' suivant la fréquence et la température, tous les E' initiaux sont ramenés à 0.

Les courbes obtenues sont très similaires et quasi superposables, ce qui nous rend difficile le calcul de facteur de glissement nécessaire au tracé d'une courbe maîtresse. Ceci remet en cause le principe de la démarche d'utilisation du principe d'équivalence temps – température pour prédire les

146

phénomènes de déformations retardées et le comportement long terme. Les phénomènes viscoélastiques bien que présents ne sont pas suffisants pour mettre en place cet outil, d'autres phénomènes comme l'endommagement entrent en compte, et il semblerait que cet outil ne soit pas suffisant à la prédiction du comportement long terme de ce matériau.

D.2. Essais en fluage à froid

D.2.1. Procédure expérimentale

Une deuxième méthode consiste à appliquer le principe d'équivalence temps-température au fluage sur échantillons de taille supérieure (50 x 50 x 50 mm). La Figure IV 28 montre les courbes de fluages obtenues à différentes températures, toujours sur la gamme de température déterminée précédemment, c'est-à-dire entre -150°C et 0°C. Le protocole expérimental est le même que celui présenté dans le chapitre III partie C.

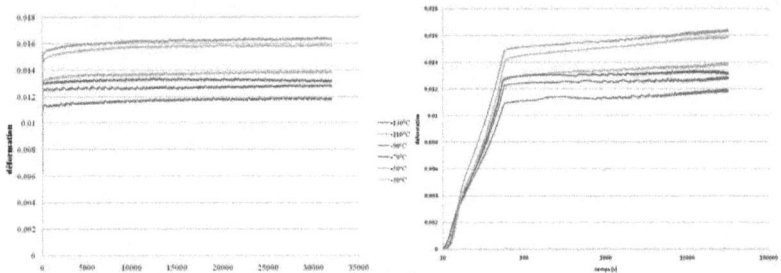

Figure IV 28: Courbes de fluage pour différentes températures,à gauche échelle en temps (s), à droite en log(t). De log(10) à log(100) : temps de mis en charge de l'éprouvette. (échantillon : 50 x 50 x 50 mm, contrainte : 0.8 MPa).

D.2.2. Résultats

De la même façon que pour les essais en DMA, les courbes ont toutes été ramenées à une déformation initiale nulle, pour pouvoir les comparer. De plus les courbes seront aussi tracées en échelle logarithmique pour essayer de déterminer les coefficients des droites obtenues, afin de déterminer si le fluage suit une loi logarithmique ou non, et si ces coefficients évoluent en fonction de la température, pour pouvoir appliquer le principe d'équivalence temps-température et le tracé de courbe maîtresses.

En ramenant toutes les déformations initiales à zéro, nous obtenons les courbes de la Figure IV 29.

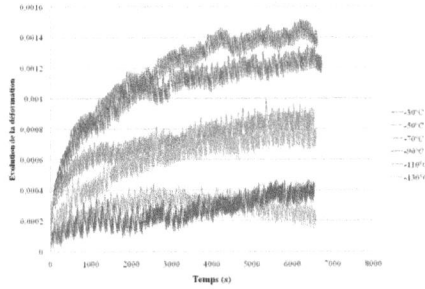

Figure IV 29: Evolution de la déformation du au fluage, selon la température d'essai.

La première constatation est que la cinétique de fluage évolue avec la température, avec une accélération pour les températures les plus élevées (- 30 °C et – 50 °C) mais de façon non monotone. Les cinétiques à -110 et -130°C sont plus rapides que celles à -70 et -90°C. L'endommagement thermique pourrait en partie expliquer ces phénomènes. En effet à -30 et -50°C, les échantillons sont moins soumis à des températures extrêmes et donc moins endommagés par la contrainte thermique, ils sont donc moins rigides sur les couches extérieures et peuvent se déformer plus rapidement une fois la contrainte appliquée à l'échantillon. Ensuite à -110 et -130°C, températures les plus endommagentes thermiquement dans cette série, il est probable, que cet endommagement fragilise davantage les premières couches de cellules ce qui rend l'échantillon plus sensible à l'application de la contrainte et donc plus déformable qu'à -70°C et -90°C. Les échantillons testés à ces deux températures semblent être les plus rigides et les moins fragilisés, donc les moins sensibles à l'application de la contrainte. Les cinétiques étant différentes, il pourrait être envisageable de superposer les courbes afin de tracer une courbe maîtresse, cependant les déformations de fluages étant peu différentes (voir chapitre III), et les courbes de fluages obtenues Figure IV 28 étant quasi superposables, l'élargissement de la gamme de temps ne serait que très faible, et ne permettrait pas de prédire le comportement long terme de ces matériaux. Nous rappelons que la durée de vie estimée d'un méthanier à technologies cuves isolées en mousse polyuréthane est de 40 ans. Nous sommes donc encore beaucoup trop loin de cette estimation. La prédiction du comportement long terme en prenant compte uniquement les phénomènes viscoélastiques présents dans la mousse polyuréthane ne semble pas être la méthode la plus adaptée. D'autres critères doivent être pris en compte comme l'endommagement, qui semble nécessaire à l'évaluation du comportement long terme aux basses températures de ce matériau.

E. Conclusion sur la faisabilité de la démarche

Le but de ce chapitre était d'étudier la faisabilité d'une démarche de prédiction de comportement long terme à basses températures, basé sur l'utilisation du principe d'équivalence temps-température sur les mousses polyuréthanes. Nous avons basé notre démarche sur le tracé de courbes maitresses, à partir de courbes que nous obtiendrions par DMA. Une des raisons de ce choix est que cet équipement est simple et rapide pour caractériser le comportement en fonction des températures et des fréquences d'essais. L'utilisation de cette démarche de prédiction avec cet outil expérimental a nécessité de vérifier plusieurs points. Dans un premier temps, il a fallu déterminer sur quelle plage de température pouvait être appliqué le principe d'équivalence temps-température, c'est-à-dire une plage de température sur laquelle les mécanismes de déformation étaient les mêmes. Nous avons déterminé qu'entre -150°C et 0°C, aucune transition majeure n'était franchie sur les mousses non fibrées, et que le principe d'équivalence pourrait donc être appliqué sur cette gamme de température.

Ensuite, la DMA étant un équipement avec une capacité de force et de taille d'échantillon limitée, il a fallu déterminer quelle était l'importance des effets d'échelles dans notre matériau. Nous avons montré qu'il existait bien des effets d'échelles que ce soit pour des mousses fibrées ou des mousses non renforcées. Cependant ces effets ne sont pas les mêmes selon le mode de sollicitation du matériau. En effet dans le cas d'une sollicitation en compression monotone il existe une taille d'échantillon minimale à respecter pour que le comportement mécanique observé soit représentatif du comportement global des mousses polyuréthanes. Dans le cas des mousses polyuréthane non renforcées, nous avons déterminé qu'un cube d'arête 40 mm était nécessaire pour être représentatif ; et en ce qui concerne les mousses renforcées fibres de verres il semblerait qu'un cube d'arête 50 mm soit le volume minimum pour caractériser le comportement mécanique. Par contre, en ce qui concerne les sollicitations en fluage nous avons montré que les effets d'échelle n'entraient pas en compte dans la cinétique de fluage, seule la déformation initiale est dépendante de la taille d'échantillon testée. Grâce à ces deux premières vérifications nous avons montré que le principe d'équivalence temps-température était possible, sur une plage de température comprise entre -150°C et 0°C, en travaillant en fluage ou avec les courbes à différentes fréquences sur petits échantillons en n'oubliant pas qu'à ces sollicitations il se peut que l'échantillon ne soit pas représentatif. Sur la première série d'essai que nous avons mené en DMA, les courbes obtenues en fonction des températures sont relativement superposables ce qui empêche le calcul de facteur de glissement et donc le tracé de courbes maîtresses. Ce qui remet donc en cause l'utilisation du principe d'équivalence temps-température pour prédire le comportement long terme. Les mêmes conclusions ont été tirées avec les essais réalisés en fluage, ou de nouveau les courbes sont relativement superposables ce qui nous empêche donc d'élargir la gamme de temps, et donc de réaliser la prédiction long terme. Ceci nous laisse penser que la seule prise en compte des phénomènes viscoélastiques n'est pas suffisante pour prédire le comportement long terme de ces mousses. Il semblerait qu'une loi prenant aussi en compte les phénomènes d'endommagement thermiques et mécaniques soit nécessaire à une meilleure appréhension du comportement sur le long terme des mousses polyuréthanes.

Conclusion générale

et

Perspectives

Au travers de cette étude, nous nous sommes proposé d'étudier le comportement en fluage long terme de mousses polyuréthane, matériau constitutif des parois de cuves de stockage et de transport de méthane. Pour répondre à cette problématique du comportement long terme des mousses renforcées ou non en fibres de verres, il a été décidé, dans un premier temps de caractériser les mécanismes de déformation et d'endommagement à basse température, puis de réfléchir à une méthodologie permettant d'accéder à la prédiction du comportement long terme en fluage.

Pour caractériser le comportement mécanique à basse température, une large étude expérimentale à été menée sur des essais de compression monotone, du fluage sous faible contrainte et des analyses mécaniques dynamiques (DMA), à des températures allant de +80°C jusqu'aux températures cryogéniques. Cette gamme de températures correspond à la plage d'utilisation en phase stockage ou transport et en phase d'entretien, lors du dégazage des cuves.

Une étude des effets induits par le refroidissement à l'azote des échantillons avant essais nous indique la présence d'un assez fort endommagement sur toute la première couche de cellules, soit environ 350µm, et ce quelque soit la température de refroidissement. De plus l'épaisseur de l'endommagement reste constante quelque-soit l'épaisseur de l'échantillon analysé. Ainsi, lors des essais en température en compression ou en fluage, la déformation relevée est affectée en proportions variables selon les dimensions de l'échantillon. Les essais de compressions monotones qui ont été menés aussi bien sur mousses non fibrées que sur mousses fibrées, entre 0 °C et -170 °C mettent en avant une rigidification du matériau pour les températures décroissantes, avec une accélération de ce phénomène aux températures les plus froides. Lors des essais à la température la plus extrême, à savoir -170 °C, il a été constaté, qu'après le domaine élastique, le matériau perdait une grande partie de ces propriétés mécaniques, ce qui pourrait être dû à une fragilisation trop importante des parois des cellules qui faciliterait l'effondrement des couches lors de la compression et par la suite la ruine du matériau. Afin d'essayer de caractériser quels étaient les mécanismes de déformation et d'endommagement mis en jeu, des analyses micrographiques et tomographiques ont été couplés à des essais mécaniques de compressions répétées. Le but étant de suivre l'évolution de la structure du matériau à différents niveaux de contraintes et de déformations. Ces analyses ont été menés uniquement sur des mousses non fibrées. Cependant les résultats tomographiques ne permettent pas de dégager de réelle tendance quant-aux mécanismes de déformation et d'endommagement présents. Une perspective pour compléter ces travaux pourrait être de réaliser des observations en microscopie électronique à balayage ou en tomographie in situ, ce qui permettrait dans un premier temps de suivre en temps réel les évolutions structurales du matériau, et ainsi de pouvoir peut être plus facilement détecter les mécanismes de déformation ou d'endommagement présents. Cependant ces expériences in situ, ne pourrait être réalisées qu'à température ambiante, les informations ne seraient donc pas représentatives du comportement à basse température. De plus il se peut que la résolution des équipements utilisés lors de notre campagne expérimentale ne soit pas suffisante pour détecter des évolutions pouvant être très localisées, il serait intéressant de mener ces mêmes expériences avec un tomographe ayant une plus forte résolution, de l'ordre de quelques dizaines de nm par exemple, ce qui permettrait sûrement aussi de quantifier l'épaisseur des parois des cellules, ce qui n'a pu être fait avec les moyens d'essais utilisés.

En complément de ces essais de compressions monotones à basse température, une étude sur le comportement en fluage à courte durée, entre 2 et 8 H, a été réalisée sur des mousses renforcées et non renforcées. Les essais de fluages ont été menés sur plusieurs types d'équipements expérimentaux, à savoir les bancs de fluage spécialement conçus pour cette étude pour des essais à température ambiante, la machine de traction/compression et la DMA pour les essais à basses températures. Les résultats montrent, de la même façon que lors des compressions monotones, une rigidification du matériau avec les températures décroissantes pour les mousses non fibrées. Celà se traduit par une diminution de la déformation due au fluage. Par contre, l'effet inverse est observé sur les mousses fibrées, c'est-à-dire que plus la température est basse, plus le matériau flue, même si cela reste dans des proportions très faibles. Ce qui laisse penser que l'ajout de renfort change les propriétés mécaniques des mousses polyuréthanes, notamment dans le cas du fluage. Nous avons vu lors de la caractérisation morphologique des mousses fibrées, qu'autour des réseaux de fibres, il y a une sorte de décohésion fibres cellules, ce qui peut créer la fragilisation des cellules environnantes et l'effondrement des couches de cellules autour de cette zone. Cependant le nombre d'essais réalisés sur ces matériaux fibrés reste faible et il serait nécessaire de compléter cette étude pour étayer ces résultats. Il serait intéressant de mener ces mêmes essais de fluages avec des densités de fibres variables, afin de caractériser plus finement l'influence de celles-ci. Une étude comparative à même niveau de charge pour chaque température permettrait ainsi de déterminer le taux de renfort optimum pour minimiser la déformation due au fluage.

De plus, lors de ces essais de fluage les principales difficultés de cette étude sont d'ordre métrologique et liées aux faibles niveaux de contraintes et de déformation. Afin de mieux identifier les mécanismes de déformation qui entrent en jeu lors de ces essais, nous pourrions envisager d'augmenter le niveau de contrainte tout en restant à une valeur inférieure à 50 % de la limite élastique pour rester dans le domaine linéaire.

En ce qui concerne les matériaux non fibrés, des essais complémentaires de fluage/recouvrance ont été réalisés sur l'appareil de DMA afin de préciser l'origine de la déformation observée. Une partie de la déformation est recouvrable, ce qui laisse penser qu'au moins une partie de la déformation peut être traitée macroscopiquement comme une composante viscoélastique.

Le fait qu'une partie de la déformation soit recouvrable et qu'elle puisse être traitée comme une composante viscoélastique nous permet de justifier l'utilisation du principe d'équivalence temps-température pour appréhender le comportement long terme des mousses polyuréthanes. Nous avons essayé d'appliquer ce principe avec les résultats de DMA, après vérification d'un certain nombre de conditions nécessaires à la mise en œuvre de ce principe. Tout d'abord, nous avons déterminé une plage de température sur laquelle le principe était exploitable, sans franchir la température de transition vitreuse, et sur laquelle les mécanismes de déformation activés soient les mêmes.

Il est nécessaire de ne pas franchir de température de transition du matériau, et d'avoir sur toute la gamme de températures l'activation des mêmes mécanismes de déformation. Pour cela, des analyses DMA en déformation imposée avec balayage en température à une fréquence de 1Hz ont été faites. Les résultats nous donnent une Tg située aux alentours de 120 °C, et nous avons noté des instabilités structurales sur une plage de température comprise entre 0 et 50 °C. Ces instabilités ne sont pas encore clairement résolues. Des analyses chimiques plus poussées et la parfaite connaissance de la formulation chimique du mélange initial seraient nécessaires à l'explication des phénomènes observés. Nous avons identifié que la plage de températures la plus propice pour mener cette étude est comprise entre -170 °C et 0 °C.

Les essais expérimentaux menés pour renseigner ce principe sont menés sur la DMA, ce qui sous-entend que la taille des éprouvettes est limitée. De ce fait il est préférable de considérer les effets d'échelle présents dans ces matériaux afin de s'assurer de la représentativité de l'échantillon. Pour cela deux séries d'essais ont été menées parallèlement. Dans un cas, des essais de compression monotone ont été faits sur des échantillons de tailles variables. Dans l'autre cas la réponse mécanique, en fluage ou compression, pour des surfaces variables au sein d'un même échantillon a été regardée, et une mesure du champ de déformation par méthode optique a été faite. Pour cette deuxième méthode, seules des mousses non fibrées ont été analysées. Les résultats montrent qu'en compression monotone, pour les mousses non fibrées, un cube de 40 mm d'arête est nécessaire pour être représentatif du comportement global, alors que pour les mousses fibrées la taille minimale est de 50 mm. Cette différence de taille minimale d'échantillon provient surement du fait que dans le cas des mousses renforcées, l'ajout des fibres de verres ajoute un effet d'échelle supplémentaire dans le matériau, ce qui augmente les hétérogénéités dans le matériau, notamment sur la densité locale. Par contre, les résultats sur mousses non fibrées nous montrent que l'effet de taille n'a pas d'effet sur la cinétique de fluage. Ces essais peuvent donc être réalisés en DMA.

Nous avons donc par la suite, réalisés des essais multifréquences en DMA, afin d'obtenir une courbe par température, pour la construction d'une courbe maîtresse à une température de référence de -90°C, permettant la prédiction long terme du comportement de ces mousses. Les courbes obtenues lors de ces essais sont semblables et quasi superposables, ce qui ne permet pas de tracer de courbe maitresse, l'approche choisie ne semble donc pas être la plus convaincante pour prédire le comportement en fluage sous faible contrainte et à long terme. En effet, parallèlement à ces essais de DMA, des essais de fluage sur machine de traction/compression à différentes températures ont été menés dans le même objectif. Les résultats montrent un arrêt assez rapide du fluage, puisqu'au bout de 2H les déformations induites sont semblables à celles obtenues sur des essais plus long (9 H et 24H). De plus, lors de ces mêmes essais, une partie de la déformation engendrée reste non recouvrable à long terme. Pourtant, des essais de compressions répétées destinés à caractériser l'endommagement, montrent que lors du premier cycle de chargement où une contrainte équivalente à celle du fluage est appliquée, aucun endommagement n'a été observé, que ce soit directement au MEB ou indirectement via la raideur. Ces deux résultats, à savoir déformation de fluage à basse température qui s'arrête, et l'absence d'endommagement en compression, suggèrent que la déformation non recouvrée observée en fluage puisse être due à un endommagement différé par rupture des parois.

Afin de prédire le comportement long terme, il pourrait être envisageable d'utiliser un autre outil que celui du principe d'équivalence temps-température. On pourrait par exemple se baser sur le modèle viscoélastique de Findley, dans lequel la déformation totale est la somme d'une composante élastique et d'une composante non élastique. Ce modèle permet une extrapolation de la réponse au fluage sur de très longues périodes de chargement à condition que les courbes de fluages soient mesurées avec précision sur des périodes de temps comprise entre 100 et 1000 heures. Il faudrait donc réaliser des essais sur des temps plus long, avec un niveau de contrainte un peu plus élevé pour avoir des valeurs de déformations significatives. La difficulté dans notre cas concerne le domaine de température de l'étude. En effet, s'il est envisageable de faire des essais sur de longues périodes à température ambiante, il devient moins aisé de réaliser ces essais à basse température avec les équipements actuels. Dans le cas d'une prédiction à basse température, il faudrait revoir la conception d'une enceinte thermique, avec un système empêchant la formation de glaçon sur la traverse mobile et la cellule de mesure de force et déplacement.

ANNEXE

◻ Résultats des essais de compressions simultanées aux différentes températures négatives.

T°	échantillon	cycle de charge	contrainte max.	module (MPa)
-70°C	A	1	0,7	40,7
		2	1,1	43,4
		3	1,4	42,7
		4	1,6	41,3
		5	1,8	37,5
	B	1	0,7	41,5
		2	1,1	45,2
		3	1,4	46,1
		4	1,6	45
		5	1,8	42,1

T°	échantillon	cycle de charge	contrainte max.	module (MPa)
-90°C	A	1	0,7	47,8
		2	1,1	49,1
		3	1,5	48,7
		4	1,8	46,8
		5	2	38,4
	B	1	0,7	47,8
		2	1,1	52,6
		3	1,5	52,2
		4	1,8	48,5
		5	2	39,4

T°	échantillon	cycle de charge	contrainte max.	module (MPa)
-170°C	A	1	0,7	72,3
		2	1	74,3
		3	1,5	74,1
		4	2	74,9
		5	2,2	66,6
		6	2,5	64,2
	B	1	0,7	70,7
		2	1	73,3
		3	1,5	74,9
		4	2	72,3
		5	2,2	68,3
		6	2,5	66,3

Liste de la bibliographie

Amsterdam, E., de Vries, J., De Hosson, J., & Onck, P. (2008). The influence of strain-induced damage on the mechanical response of open-cell aluminum foam. *Acta Materialia* , 609-618.

Anderson, W., & Lakes, R. (1994). Size effects due to Cosserat elasticity and surface damage in closed cell polymethacrylimide foam. *Journal Of Material Science* , 6413-6419.

Andrews, E., Gioux, G., Onck, P., & Gibson, L. (s.d.). Size effects in ductile cellular solids. Part II : experimental results. *International Journal of Mechanical Science* .

Banyay, G., Shaltout, M., Tiwari, H., & Mehta, B. (2007). Polymer and composite foam for hydrogen storage application. *Journal Of Materials Processing Technology* , 102-105.

Brezny, R., & Green, D. (1990). Characterization of edge effects in cellular materials. *Journal of Material Science* , 4571-4578.

Chen, C., & Fleck, N. (2002). Size effects in the constrained deformation of metallic foams. *Journal Of Mechanical and Physical Solids* , 955-977.

Chiang, F. P., & Ding, Y. (2008). Size effect on stress-strain relation of neat polyurethane foam. *Composites. Part B : engineering* , 42-49.

Demharter, A. (1998). Polyurethane rigid foam, a proven thermal insulating material for applications between +130°C and -196°C. *Cryogenics* , 113-117.

Deverge, M., Benyahia, L., & Sahraoui, S. (2009). Experimental investigation on pore size effect on the linear viscoelastic properties of acoustic foams. *Journal of Acoustic* , 93-96.

Dimitrios, V., & Wikes, L. (1997). Structure - property relationships of flexible polyurethane foams. *Polymer 38* .

Gibson, L. J., & Ashby, M. F. (1997). *Cellular Solids. Structure and properties -Second edition.* Cambridge Solid State Science Series.

Gnip, S., Vaitkus, S., Kersulis, V., & Vejelis, S. (2011). Analytical description of the creep of expanded polystyrene (EPS) under long-term compresive loading. *Polymer testing* , 493-500.

Halary, J. L., Laupêtre, F., & Monnerie, L. (2008). *Mécanique des matériaux polymères.* Belin.

Huang, J., & Gibson, L. (1991). Creep of polymer foams. *Journal of Materials Science 26* , 637-647.

Jin, H., Lu, W., Scheffel, S., Hinnerichs, T., & Neilsen, M. (2007). Full-field characterization of mechanical behavior of polyurethane foams. *International Journal of Solids Structures 44* , 6930-6944.

Kanny, K., Mahfuz, H., Carlson, L., Thomas, T., & Jeclani, S. (2002). Dynamic mechanical analyses and flexural fatigue of PVC foams. *Composites Structures 58* , 175-183.

Kraatz, A., Moneke, M., & Kolupaev, V. (2006). Long-term Tensile ans Compressive Behavior of Polymer Foams. *Journal of ccellular Plastics* , 221-228.

Lakes, R. (1983). Size effects and micromechanics of a porous solid. *Journal of Material Science* , 2572-2580.

Montminy, M. D., Tannenbaum, A. R., & Macosko, C. W. (2004). The 3D structure or feal pomymer foams. *Journal of colloid and Interface Science* , 202-211.

Onck, P., Andrews, E., & Gibson, L. (2001). Size effects in ductile cellular solids. part I : modelling. *International Journal of Mechanical Science* .

Oudet, C. (1994). *Polymères, Structure et propriétés, introduction.* MASSON.

Pampolini, G., & Del Piero, G. (2009). Strain localization in Polyurethane Foams : Experiments ans Theoretical Model. *Springer-Velag* , 29-38.

Phillips, P., & Waterman, N. (1974). The Mechanical Properties of High-Density Rigid Polyurethane Foams in Compression: I. Modulus. *Plymer Engineering and Science* , 67-71.

Rakow, J. F., & Waas, A. M. (2005). Size effects and the shear response of aluminum foam. *Mechanics of Materials* , 69-82.

Rodrigues-Perez, M., & de Saja, J. (2000). Dynamic mechanical analysis applied to the characterisation of closed polyolefin foams. *Polymer Testing 19* , 831-848.

Rodriguez-Perez, M., Almanza, O., del Valle, J., Gonzales, A., & de Saja, J. (2001). Improvement of the measurement process used for the dynamic mechanical characterisation of polyolefin foams in compression. *Polymer Testing 20* , 253-267.

Saha, M., Mahfuz, H., Chakravarty, U., Uddin, M., Kebir, M., & Jeelani, S. (2005). Effect of density, microstructure, and strain rate on compression behavior of polymeric foams. *Materials Science and Engineering* , 328-336.

Saint-Michel, F., Chazeau, L., & Cavaillé, j.-Y. (2006). Mechanical properties of high density polyurethane foams : II effect of the filler size. *Composites Science and Technology 66* , 2709-2718.

Saint-Michel, F., Chazeau, l., Cavaillé, J., & Chabert, E. (2006). Mechanical properties of high density polyurethane foams : I Effect of density. *Composites Science and Technology 66* , 2700-2708.

Salvo, L., Cloetens, P., Maire, E., Zabler, S., Blandin, J., Buffière, J., et al. (2003). X-ray micro tomography an attractive characterisation technique in materials science. *Nuclear Instruments and Methods in Physics Research* , 237-268.

San Marchi, C., Despois, J., & Mortensen, A. (2004). Uniaxial deformation of open-cell aluminium foam : the role of internal damage. *Acta materialia* , 2895-2902.

Sanchez Adsuar, M., Martin-Martinez, J., Papon, E., & Villenave, J. (1998). Analyse mécanique dynamique d'élastomères thermoplastiques polyuréthane. *European Polymer* , 1599-1604.

Sonnenschein, M., Prange, R., & Schrock, A. K. (2007). Mechanism for compression set of TDI polyurethane foams. *Plymer 48* , 616-623.

Sonnenschein, M., Wendt, B. L., Schrock, A. K., Sonney, J.-M., & Ryan, A. J. (2008). The relationship between polyurtehane foam microstructure and foam aging. *Polymer 49* , 934-942.

Stirna, U., & Beverte, I. (2011). Mechanical properties of rigid polyurethane foams at room and cryogenic temperatures. *Journal of Cellular Plastics* , 337-355.

Tekoglu, C., Gibson, L., Pardoen, T., & Onck, P. (2011). Size effects in foams : Experiments and modelling. *Progress in Materials Science* , 109-138.

Tu, Z., Schim, V., & Lim, C. (2001). Plastic Deformation modes in rigid polyurethane foams under static loading. *international Journal of Solids and Structures 38* , 9267-9279.

White, S., Kim, S., Bajaj, A., & Davies, P. (2000). Experimental techniques and identification of nonlinear and viscoelastic properties of flexible polyurethane foams. *Nonlinear Dynamics 22* , 281-313.

Yakushin, V., Stirna, U., & Zhmud', N. (1999). effect of the chemical structure of the polymer matrix on the properties of foam polyurethanes at low temperatures. *Mechanics of Composite Materials* , 351-356.

Yakushin, V., Zhmud', N., & Stirna, U. (2002). Physicomechanical characteristics of spray-on rigid polyurethane foams at normal and low temperatures. *Mechanics of Composite Materials* , 273-280.

Yang, C., Xu, L., & Chen, N. (2006). Thermal expansion of polyurethane foam at low temperature. *Energy Conversion and Management* , 481-485.

Yourd, R. A. (1996). Compression Creep and Long-Term Dimensional Stability in Appliance Rigid Foam. *Journal of Cellular Plastics* , 601-616.

Zenkert, D., & Burman, M. (2008). Tension, compression and shear fatigue of a closed cell polymer foam. *Composites Science and technology* .

Zhu, H., & Mills, N. (1999). Modelling the creep of open!cell polymer foams. *Journal of the Mechanics and Physics of Solids* .

Liste des figures

Chapitre I

Chapitre II

Chapitre III

Chapitre IV

Résumé

Mécanismes et tenue mécanique long-terme de mousses polyuréthane pures et renforcées aux températures cryogéniques.

Le cadre général de l'étude concerne la tenue en fluage long-terme de mousses polyuréthane utilisées dans la paroi de cuves de méthaniers. Le comportement mécanique en compression monotone, fluage sous faible contrainte et analyse mécanique dynamique (DMA), a donc été caractérisé jusqu'aux températures cryogéniques (-170°C) sur mousses polyuréthanes renforcées ou non par du mat de fibres de verre. Le premier objectif était de caractériser la réponse et les mécanismes activés à basse température. L'endommagement induit par le fort refroidissement des échantillons affecte les tout premiers stades de déformation en compression, variablement selon la taille d'échantillon. Les micrographies et observations tomographiques post-mortem ne mettent pas en évidence d'endommagement flagrant. Une déformation de fluage en partie recouvrable est également observée. Le second objectif était de réfléchir à une méthode de prédiction de la tenue long terme en fluage par équivalence temps-température en DMA. Les différentes transitions rencontrées entre -170°C et la transition vitreuse ont donc été analysées, de même que la représentativité des petits échantillons utilisés dans ce dispositif. L'effet de taille n'a pas d'effet sur la cinétique de fluage, qui peut donc être obtenue dans le dispositif de DMA. Les résultats obtenus en DMA multifréquence n'ont cependant pas permis de construire de courbe maîtresse. Cette approche n'apparaît pas la plus convaincante pour prédire le comportement en fluage sous faible contrainte et à long terme de ces mousses.

Mots clés : Mousses polymères, essais de compression/fluage, mécanismes de déformation, mécanique de l'endommagement, effet d'échelle, prédiction long terme.

Abstract

Mechanisms and long-term mechanical behavior of pure and reinforced polyurethane foams at cryogenic temperatures.

The general framework of the study concerns the long term creep resistance of polyurethane foams used in the wall of LNG tanks. The mechanical behavior in monotonic compression, low stress creep and dynamic mechanical analysis (DMA) has been characterized at cryogenic temperatures (-170 ° C) for polyurethane foam reinforced or not by the glass fiber mat. The first objective was to characterize the response and the mechanisms activated at low temperatures. The induced damage by the strong cooling of samples affects the earliest stages of deformation in compression, depending on the sample size. The micrographs and tomographic observations post-mortem did not show obvious damage. A creep recovery deformation is also observed. The second objective was to consider a prediction method for long-term creep by time-temperature equivalence in DMA. The various transitions observed between -170 ° C and glass transition have been analyzed, as well as the representativeness of small samples used in this device. The size effect has no effect on the creep kinetics, which can be obtained in the DMA device. The results obtained in multifrequency DMA have not allow the construction of master curve. This approach is not the most appropriate to predict the creep behavior under low stress and long term of these foams.

Keywords : Polymer foams, compression/creep loading, strain mechanism, damage, scale effects, long-term prediction.

Département de Physique et Mécanique des Matériaux - Institut Pprime – UPR 3346
Ecole Nationale Supérieure de Mécanique et d'Aéronautique
1, Avenue Clément Ader, B.P. 40109
86961 Futuroscope - Chasseneuil du Poitou, FRANCE